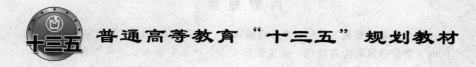

普通高等教育"十三五"规划教材

安全工程实验指导书

主　编　高玉坤　张英华
副主编　欧盛南　杨轶芙

U0341688

北京

冶金工业出版社

2017

内 容 提 要

本书涵盖了安全工程专业全部必做实验，内容侧重矿山安全和应急救援，同时又兼顾通风与尘毒防治、火灾消防安全、产品安全和安全科学等专业方向，实验原理清晰，实验方法详细，注重学生对基本实验技能的掌握，同时突出综合性实验训练。全书力求实验内容的实用性、适用性和简洁性，并注重专业实验的先进性，吸收了一些有代表性的安全测试与研究的新方法、新手段、新理论，组成专业实验教学内容。

本书为高等学校安全专业实验教学用书，也可供相关专业领域的工程技术人员参考。

图书在版编目（CIP）数据

安全工程实验指导书/高玉坤，张英华主编 . —北京：冶金工业出版社，2017.5

普通高等教育"十三五"规划教材

ISBN 978-7-5024-7535-2

Ⅰ . ①安… Ⅱ . ①高… ②张… Ⅲ . ①安全工程—实验—高等学校—教学参考资料 Ⅳ . ①X93-33

中国版本图书馆 CIP 数据核字（2017）第 095617 号

出 版 人 谭学余
地 址 北京市东城区嵩祝院北巷 39 号 邮编 100009 电话 （010）64027926
网 址 www.cnmip.com.cn 电子信箱 yjcbs@cnmip.com.cn
责任编辑 宋 良 美术编辑 吕欣童 版式设计 孙跃红
责任校对 郑 娟 责任印制 牛晓波
ISBN 978-7-5024-7535-2
冶金工业出版社出版发行；各地新华书店经销；三河市双峰印刷装订有限公司印刷
2017 年 5 月第 1 版，2017 年 5 月第 1 次印刷
787mm×1092mm 1/16；12.25 印张；295 千字；186 页
28.00 元
冶金工业出版社 投稿电话 （010）64027932 投稿信箱 tougao@cnmip.com.cn
冶金工业出版社营销中心 电话 （010）64044283 传真 （010）64027893
冶金书店 地址 北京市东四西大街 46 号（100010） 电话 （010）65289081（兼传真）
冶金工业出版社天猫旗舰店 yjgycbs.tmall.com
（本书如有印装质量问题，本社营销中心负责退换）

前　言

安全工程涉及较宽的学科体系，是一门综合性、实践性较强的交叉学科。专业实验是专业知识体系中不可分割的重要组成部分，是深化学习专业知识和专业知识实现工程化应用的重要途径，是开展科学研究和推进学科发展的重要方法，也是培养学生动手能力、形成科研思路的重要手段。本书根据安全工程专业实验课程的基本内容与要点，结合多年的教学经验和安全技术研究、安全检测与监测工作的需要编写而成，以期能够为安全工程专业的实验教学提供一定的参考。

本书以北京科技大学安全专业教学体系为基础，内容侧重矿山安全、应急救援，同时又兼顾通风与尘毒防治、火灾消防安全、产品安全和安全科学等专业方向，全书内容包括七个章节，即安全实验概述、矿山安全技术实验、应急救援实验、燃烧与爆炸实验、产品安全实验、安全人机工程学实验、职业健康与防护实验。本书专业实验内容以设计性、综合性实验为主，既注重学生对安全工程基本实验技能的掌握，又突出安全实验过程中多种仪器与方法的综合性实验训练。

本书由高玉坤、张英华担任主编，欧盛南、杨轶芙担任副主编。编写分工为：第1章由高玉坤编写，第2章由高玉坤、黄志安、王辉编写，第3章由欧盛南编写，第4章由高玉坤、张英华编写，第5章由欧盛南编写，第6章由杨轶芙、高玉坤编写，第7章由高玉坤、王晶晶编写。燕立凯、张歌、马珍珍、钱熙熙、杨锐、张悦、张益也参与了本书的编写与校对工作。王凯、杜翠凤、张英华对全书进行了审核和定稿。

本书的编写和出版得到了"十三五"期间高等学校本科教学质量与教学改革工程建设项目和北京科技大学教材建设经费的资助。在编写过程中，编者参阅并引用了国内外有关文献，吸收和借鉴了一些教材的精华，在此对文献作者表示衷心的感谢！

　　由于编者水平有限，加上时间紧迫，书中难免存在不足之处，诚请各位专家和读者批评指正。

编　者

2017 年 3 月

目　　录

第1章 安全工程专业实验概述

【本章学习要点】

安全工程专业实验是专业知识体系中不可分割的重要组成部分，是将所学理论知识运用到实际的操作过程。本章主要介绍安全工程专业实验教学的地位和作用、实验要求、考核方式及相关安全防护。

1.1 安全工程专业实验教学的地位和作用

目前，安全生产及安全相关学科的研究和发展越来越受到高度重视，社会对于高等院校培养安全生产高级技术人才和创新型人才的需求越来越旺盛，而以实验课为主要形式的实践教学是培养高质量安全人才的重要途径。高质量安全工程人才不仅要有坚实的安全理论基础，还必须具有较强的动手能力和安全创新能力。

实验教学是学校教学工作的重要组成部分。实验教学相对于理论教学更具有直观性、综合性和创新性，也更能激励学生的好奇心和创造性，对于提高学生的综合素质、工程实践能力和科技创新能力具有不可替代的重要作用。同时可以对学生进行实验技能的训练，培养学生的观察力、动手能力和创造力以及严肃认真的工作态度、积极主动的创新精神，并使学生初步学会科学研究的方法。此外，实验教学是实现培养学生岗位职业能力的重要途径，是理论联系实际的重要环节，尤其是安全工程专业的学生，将来从事的工作基本都在生产第一线，动手操作能力显得尤为重要。所以，开设理论课的同时，安全工程专业也应开设相应的实验课程。

1.2 安全工程实验要求

安全工程是一门实践性强的学科，安全工程实验又是安全工程教学的重要组成部分。安全工程实验中有些药品是易燃易爆、有毒或有腐蚀性的；有的仪器和设备需要精心保管，有些操作需要特别小心，否则容易发生危险事故。因此，在实验教学过程中，必须提出严格要求：

（1）学生必须做好实验预习，认真学习实验指导书中的内容，并复习所学理论课程的相关知识。

（2）实验前，要求实验室向学生开放，以便学生了解实验仪器和测量设备，以及对整个实验有感性认识。

（3）进实验室后，在教师讲解有关操作要求前，不得随意搬弄仪器、工具；学生必须在教师指导或提示下，按正确的操作步骤和安全须知进行规定的指定实验，不得随意更改实验内容；严禁单凭兴趣任意乱做实验，防止发生事故。

（4）实验中，必须严格按照教师的要求、步骤操作；对独立构思和试验性的实验，应事先征得教师同意后方可进行。

（5）对易燃、易爆的物品或试剂要小心使用，必须征得教师同意，在明确了操作要领后，方可进行相应实验。严禁擅自取用危险品或操作危险性实验。

（6）爱护实验室一切设施，珍惜实验室的仪器及药品，不随便多取药品，不得将仪器、器材另做它用，保证实验正常开展。

（7）实验进行中，操作者不得擅自离开实验室，离开时必须有人代管。

（8）实验结束时需将设备仪器归回原位，关闭水、电、气，经教师检查同意后，方可离开实验室。

（9）实验后，学生按要求整理实验数据，撰写实验报告，并提出或回答相关问题。

1.3　安全工程实验的考核方式

实验成绩评定分两个部分：平时成绩、实验报告。

1. 平时成绩

平时成绩包括按时参加实验课，实验中的态度，实验操作过程是否符合要求的情况，遵守纪律情况等。

2. 实验报告

实验报告是学生在实验结束之后对实验内容的一个总结、分析和概括。撰写实验报告是一个对平时课堂知识运用到实际的过程，是对实验内容巩固和提高的过程。

实验结束后，学生按照实验指导书的要求内容，对所做实验的全过程进行分析总结。实验报告包括以下几项内容：

（1）实验名称；实验日期；班级；实验小组成员及报告人。

（2）实验目的。

（3）实验仪器：应注明设备、仪器的名称、型号、精度。

（4）实验原理及实验步骤简述。

（5）原始数据、实验记录、计算结果及实验曲线。

（6）分析及讨论（思考题）。

实验报告是实验效果的集中体现，是考核成绩的重要依据，也是培养学习整理资料能力的一种方法，要求认真书写，按时完成，一律用钢笔书写（图表可用黑色圆珠笔）。每一个实验写一份实验报告，单独写目录，然后装订成册。要求图标规范，文字简练，禁止使用文学和带有感情色彩的语言。

1.4　安全工程实验的安全防护

安全工程实验涉及易燃易爆、有毒有害危险品的使用，涉及高温、高压、带电设备的使用，应特别注意安全防护。安全防护首先要了解各种药品或试剂、仪器和设备等的性能、使用限量的操作方法，严肃认真地遵守实验规程，尽量避免事故的发生，做到防患于未然。

1.4.1　爆炸和火灾的预防

（1）实验室必须备有灭火器、沙箱等防火用具，实验室人员要熟知其放置地点和使用方法。

（2）易燃易爆的药品不应大量放在实验室内，而应放在适当的地方妥善保存，避免处于易燃、引爆条件（如明火、震动、摩擦、电弧、光照等）下，使用时应严格限量。

（3）不得在实验室内吸烟和乱扔烟头，用过的火柴应及时熄灭后放入废液罐中。

（4）离开实验室前，务必检查酒精灯是否熄灭，燃气源和电源是否关闭。

1.4.2　中毒的预防

（1）一切能产生有毒气体的实验操作，应在通风橱内进行。若无通风设备，可在容易通风的地方进行；必要时应佩戴防毒口罩或防毒面具。

（2）有毒药品应严格按操作规程和作用限量使用，严防进入口内和接触伤口。有毒的废液应集中到一起，由专人按要求处理，不得随便倒入水池里。

（3）绝对禁止口尝化学药品，实验室内严禁饮食，实验完毕时必须洗手。

（4）处理有毒物品时，可戴防护目镜和橡皮手套，保护眼睛和皮肤。处理有毒物品时的工作服和用具等，不得与平时用的其他衣物和用具等混在一起。

（5）放射性预防的基本原则是：一要避免放射性物质通过各种途径直接进入人体内，二要尽量减少外部放射性射线对人体照射的剂量。因此，对放射性物质，在不影响实验结果的条件下，应尽量少用；在可能条件下，尽量使"接触"时间缩短，并且把"接触"距离加大；对某些射线还可选择适当阻挡。如已被放射性物质污染，则要用化学法清洗。

1.4.3　意外事故的急救

安全工程实验室可备有简单急救药箱，内装一些急救用或一般用的药品和用具，如脱脂棉、碘酒、纱布、凡士林等。严重事故在实验室简单、迅速、恰当处理后，应立即就医。

实验中最初急救的一般知识介绍如下。

1. 玻璃割伤

除去伤口的碎片，用医用双氧水（H_2O_2）擦洗，用纱布包扎。其他"机械类"创伤也类似于此，不要用手触摸伤口或用水洗涤伤口。

2. 烫伤

涂抹苦味酸溶液、烫伤膏或万花油，不可用水冲洗；烫伤特别严重处不能涂油脂类物，可撒纯净碳酸氢钠，上面敷以干净的纱布。

3. 化学灼伤的急救或治疗

（1）酸类烧伤。先用大量水冲洗，再用饱和的碳酸氢钠溶液冲洗。

（2）碱类烧伤。立刻用大量水冲洗，然后用乙酸溶液（20g/L）冲洗或撒以硼酸粉。

（3）氢氰酸或碱金属氢化物烧伤。先用 $NaMnO_4$ 溶液清洗，再用（NH_4）$_2$S 溶液清洗。

（4）苯酚烧伤。先用大量的水冲洗，再用 4 体积（70%）乙醇与 1 体积（1mol/L）$FeCl_3$ 的混合液清洗。

（5）眼睛的化学灼伤。凡溶于水的化学药品进入眼睛，最好立刻用水冲洗；之后，如系碱灼伤，则再用 20% 硼酸溶液淋洗；若系酸灼伤，则再用 3%$NaHCO_3$ 溶液淋洗。

（6）口腔内的化学灼伤。先用水漱口，以后处理同（5），最后还要用清水漱口。

1.4.4 触电急救

首先切断电路，用干木棍或绳索等，使受害者与电路（导线）分开。在电路未切断前，切不可与触电者直接接触。

第 2 章　矿山安全技术实验

【本章学习要点】

矿山的高效安全开采依赖矿山灾害防治技术的不断发展进步。本章在矿山灾害防治理论及技术的基础上，结合矿山安全工程课程的实验需求，编写了相关实验内容，主要包括矿井通风技术实验、矿井瓦斯防治技术实验、矿井火灾防治技术实验和矿井粉尘防治技术实验。

2.1　矿井通风技术实验

2.1.1　井下有害气体的测定

『实验目的』

（1）熟悉和掌握井下有害气体的种类、产生、危害和测定方法。

（2）了解 AQY-50 型手动采样器的构造、使用方法。

（3）掌握比长式检测管测定 CO、CO_2 和 H_2S 的原理及方法。

『实验仪器』

（1）AQY-50 型手动采样器。

（2）CO 检测管（Ⅰ、Ⅱ、Ⅲ型）、CO_2 检测管（Ⅰ、Ⅱ型）、H_2S 检测管（Ⅰ型）。

（3）秒表。

『仪器工作原理』

1. 检测管

检测管的工作原理是：当被测气体以一定的速度通过检测管时，被测气体与指示粉发生有色反应，根据指示粉的变色长度来确定其浓度。测定不同气体的检测管，其指示粉吸附不同的化学试剂（图 2-1）。

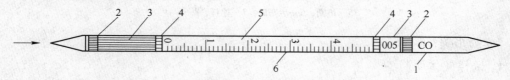

图 2-1　检测管结构示意图

1—外壳；2—堵塞物；3—保护胶；4—隔离层；5—指示剂；6—被测气体含量的刻度

一氧化碳检测管是以活性硅胶为载体，吸附化学试剂碘酸钾和发烟硫酸充填于细玻璃管中，两者反应生成的五氧化二碘吸附在硅胶上。当含有一氧化碳的气体通过检测管时，一氧化碳与五氧化二碘反应使碘游离，形成一个棕色环，随着气流通过，棕色环向前移动，移动的距离与被测环境中的一氧化碳浓度成正比。即：

$$I_2O_5 + 5CO \xrightarrow{H_2SO_4} 5CO_2 + I_2 \tag{2-1}$$

$$I_2 + SO_3 \longrightarrow 棕色化合物 \tag{2-2}$$

因此，当检测管中通过定量气体后，根据棕色环移动的距离，便可测得环境空气中一氧化碳的浓度。

硫化氢检测管也以活性硅胶为载体，而它所吸附的化学试剂为醋酸铅。当含有硫化氢的气体通过检测管时，便与指示粉反应，在玻璃管内壁产生一个棕色变色柱，棕色变色柱的移动距离与空气中硫化氢的浓度成正比。其反应式如下：

$$Pb(CH_3COO)_2 + H_2S \longrightarrow PbS + 2CH_3COOH \tag{2-3}$$

根据变色柱的距离，便可测得环境空气中硫化氢的浓度。

二氧化碳检测管与上述两种基本相同，它是以活性氧化铝为载体，吸附带有变色指示剂的氢氧化钠充填于玻璃中，当含有二氧化碳气体通过检测管时，它与活性氧化铝上所载的氢氧化钠反应，由原来蓝色色柱变为白色色柱向前移动，其白色色柱的移动距离与被测环境空气中二氧化碳浓度成正比，于是根据移动距离，便可测得空气中二氧化碳的浓度。其反应式如下：

$$CO_2 + 2NaOH \longrightarrow H_2O + Na_2CO_3 \tag{2-4}$$

2. 吸气装置

吸气装置主要采用 AQY-50 型手动采样器（图 2-2），与比长式检定管配套使用。手动采样器可抽取被测气体样品，并均匀送入检定管内。它由唧筒活塞、吸气口、排气口和三通开关组成，活塞杆上有 0~50mL 的刻度，可控制取样数量和送气速度。三通开关用以控制气流方向，当开关把手与进气口平行时，唧筒与吸气口连接；当开关把手与排气口平行时，唧筒与排气口连通，位于两者之间（45°）时，被测气体被封闭在唧筒内。

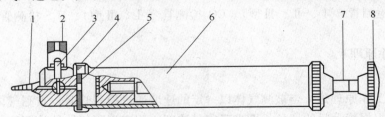

图 2-2 手动采样器结构示意图

1—气体入口；2—检定管插孔；3—三通阀把；4—变换阀；

5—垫圈；6—活塞筒；7—拉杆；8—手柄

『实验步骤』

1. 试样气体的制备

一氧化碳试样的制备方法：在长颈漏斗中盛甲酸，圆底烧杯中盛浓硫酸并加热，其反应式如下：

$$HCOOH \xrightarrow{浓硫酸加热} H_2O + CO\uparrow \tag{2-5}$$

应预先测定容器中一氧化碳的浓度，以给学生选定检定管的规格。

硫化氢试样的制备方法：在长颈漏斗中盛盐酸，圆底烧杯中盛硫化亚铁。其反应式如下：

$$FeS+2HCl \xrightarrow{\quad\quad} FeCl_2+H_2S\uparrow \qquad (2-6)$$

二氧化碳试样的制备方法：在左边的广口瓶里放大理石小块，从长颈漏斗注入稀盐酸（为了防止气体从长颈漏斗逸出，需将漏斗下端插入液面以下），用向上排空气法可将 CO_2 收集在右边的广口瓶中。其反应式如下：

$$CaCO_3+2HCl \xrightarrow{\quad\quad} CaCl_2+H_2O+CO_2\uparrow \qquad (2-7)$$

2. 收集气样

使用手动采样器测定 CO 或 CO_2 等气体浓度时，在测定地点先将手动采样器的活塞往复抽送 2~3 次，使采样器内原来存在的空气全部被待测气样所置换。使用手动采样器测定 H_2S 的气体浓度时，用直径合适的短胶管把检测管和手动采样器的气样进入孔连接起来，直接用手动采样器把气样吸入检定管内，以免 H_2S 气体直接与活塞接触，腐蚀仪器，产生不应有的误差。

3. 送（吸）入气样

把 CO 或 CO_2 等检测管两端的尖头部分切开，将标有刻度的一端垂直插入手动采样器的送气孔（除 H_2S 检测管外）。把气样在规定的时间内均匀地送（吸）入检测管内，气样中的有害气体便与检定管内的指示剂充分发生反应，指示剂当即变色。硫化氢检测管形成一个变色柱，一氧化碳检测管形成一个变色环。

4. 读值

按变色高度由检测管上的刻度直接读出气样中有害气体的浓度。

『实验记录』

将实验数据记入表 2-1。

表 2-1 CO、CO_2 和 H_2S 浓度记录表

检定气体	检定管型号	吸气装置	环境温度/℃	吸气时间/s	浓度读数/%			
					第一次	第二次	第三次	平均浓度
CO								
CO_2								
H_2S								

『实验注意事项』

（1）气样送（吸）入检测管内的速度应保持均匀。如果气样送（吸）入检定管内的速度不均匀，有害气体就不能充分与指示剂发生反应，指示剂的变色高度即浓度值不明显，读数困难造成不应有的测定误差。

（2）各厂家生产的检测管的规格可能各不相同，送（吸）入检定管的气样体积和送气时间要严格按厂家产品说明书的要求操作。

（3）如果被测气体中，有害气体的浓度大于检测管所测上限，可按一定的比例缩小气量和抽气时间，取气量为标准气样的体积/n mL，抽气时间为标准时间/n 秒（$n=2$、4、

5、10），则所测气体的实际浓度值为：$n \times$ 检测管上的读数，n 为标准气样体积的稀释倍数。

（4）如果被测气体中，有害气体的浓度小于检测管所测下限时，可按一定比例增加送（吸）气次数，每次送（吸）气量和送（吸）气时间均为正常情况下的标准气样体积和送（吸）气时间。所测气体的实际浓度值为：检测管上的读数$/n$（$n = 2$、4、5、10），n 为送（吸）气次数。

『思考题』

（1）井下有害气体有哪些危害，它是如何产生的？

（2）测定 CO 含量时，棕色环并没有出现，或者棕色环超过检测管最大量程，请解释原因。

（3）如果测量环境空气的一氧化碳、二氧化碳或硫化氢浓度较大或较小，如何利用比长式检测管测定其浓度？

2.1.2 井下气候条件的测定

『实验目的』

（1）熟悉空气清洁度、温度、湿度和风流速度的测定方法，有关测定仪器的构造、原理，并能正确使用这些仪器。

（2）掌握空气密度和卡他度的测算方法。

『实验仪器』

空盒气压计、手摇湿度计或风扇式温度计、卡他温度计、秒表、风表。

『仪器工作原理』

1. 空盒气压计

空盒气压计（图 2-3）是由一个波纹形金属真空盒和一套杠杆传动机构组成（真空盒内实际还有 50~60mm 水银柱的压力）。大气压变化时，真空盒面变形，变形值经杠杆传动机构放大，传动到盒面使指针发生偏转，使用前需要用固定水银气压计来校正，校正时用小螺丝刀微微调节盒侧面调节孔内的螺钉，使其指针指示值与水银气压计一致。

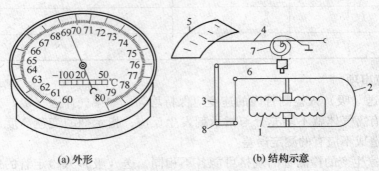

(a) 外形   (b) 结构示意

图 2-3 空盒气压计结构示意图

1—金属盒；2—弹簧；3—传递机构；4—指针；5—刻度盘；
6—链条；7—弹簧丝；8—固定支点

2. 干湿球湿度计

矿井空气的湿度一般用相对湿度来表示，测定相对湿度常用手摇湿度计（图 2-4）和风扇式湿度计（图 2-5）两种。它们的测定原理一样。湿度计由两支温度计组成，一支为干温度计，一支为湿温度计（在温度计的水银球面上包裹湿纱布）。用手摇湿度计测定时，手握摇把以每分钟约 150 转的速度旋转 1~2min 后，立即读取两支温度计的读数（先读湿温度计度数）。湿球因其纱布上的水分蒸发吸热，它的示数值偏低，温度越低，蒸发吸热越多，干湿温度计数值差别越大。根据干温度计（或湿温度计）读值（$T_干$、$T_湿$）及干湿温度计差值（ΔT），查表可计算出空气的相对湿度（RH）。

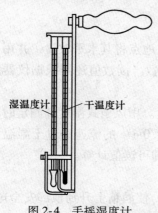

图 2-4 手摇湿度计

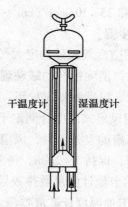

图 2-5 风扇式湿度计

3. 卡他温度计及气候条件测量

气候条件是空气的温度、湿度和风速三者的综合结果，气候条件的优劣不能单从某个方面去衡量，必须测出其综合结果，测定气候条件一般采用卡他温度计。

卡他计（图 2-6）是一种模拟人体表面在空气温度、湿度及风速综合作用下散热情况的仪器。它的下端为长圆形贮液球，长约 40mm，直径为 16mm，表面积为 22.6cm²，内贮有色酒精，中部刻有 38℃和 35℃两个刻度，其平均值为 36.5℃，恰似人体温度。其上端也有长圆形的空间，以便在测定时容纳上升的酒精。卡他计全长为 200mm。

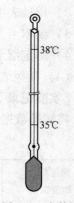

图 2-6 卡他计

卡他计分为干卡他计和湿卡他计，前者只测出对流和辐射下的散热效果；后者是在卡他计的贮液球上包裹上湿纱布，能测出对流、辐射和蒸发的综合散热效果。

（1）测定时，将干卡他计先放在 60~80℃的热水里，使酒精上升至仪器的上部空间 1/3 处左右，取出抹干。将仪器置于测定地点，用秒表记录酒精面从 38℃下降到 35℃所需的时间 t，再用下式计算卡他度：

$$H_干 = \frac{F}{t}\text{mcal}/(\text{cm}^2 \cdot \text{s}) \tag{2-8}$$

式中 $H_干$——干卡他度，$\text{mcal}/(\text{cm}^2 \cdot \text{s})$；

F——卡他常数，其值为温度从 38℃下降到 35℃时，每 1cm² 贮液球表面所散失的热量，mJ/cm²；

t——从38℃下降到35℃所经过的时间，s。

（2）如果测定对流、辐射和蒸发三者的综合散热效果，可采用湿卡他计测量，用纱布将干卡他计的贮液球包起来，按上述方法进行，其计算公式如下：

$$H_{湿} = \frac{F}{t} \tag{2-9}$$

式中符号意义同前。

对于从事井下中等劳动强度的工作人员，比较舒适的干、湿卡他度分别为 $8\sim10$ mcal/（cm²·s）和 $25\sim30$ mcal/（cm²·s）。

『实验步骤』

（1）用空盒气压计测定大气压力。测定时，在测定地点将其水平放置，并用手轻轻敲击盒面数次，消除指针的蠕动现象，待20min左右可读数。读数值还需根据仪器所附检定证进行刻度、温度和补充校正。

（2）用风扇式湿度计测定干湿球温度，并计算湿度。用风扇式湿度计测定时，用专用钥匙将小风扇的发条上紧，风扇转动，使空气以 $1.7\sim3.0$ m/s 的流速经过干湿温度计的水银球面周围，保持 $1\sim2$ min，待两支温度计示数稳定后即可读值计算。

（3）用卡他计测量散热效果。

1）将卡他温度计贮液器浸入 $60\sim80$ ℃的暖水杯中，使酒精上升到顶部安全球的 $1/3\sim1/2$ 处，取出用纱布擦干，悬挂于待测地点。

2）用秒表准确测定酒精柱由38℃降至35℃的时间（用秒作单位）；

3）读取卡他温度计背面上的卡他常数 F，经计算得干卡他度；

4）测定湿卡他度时，需在贮液器外面包上纱布，测定方法同干卡他度。

（4）用风表测定测点风速。

『实验记录』

将实验数据列入表2-2。

表2-2　井下气候条件测定数据表

测定参数 改变参数		温度			相对湿度 φ/%	风速 /m·s⁻¹	$H_干$			$H_湿$		
		$T_干$	$T_湿$	ΔT			F	t	$H_干$	F	t	$H_湿$
风速	不变											
	改变											

注：$\Delta T = T_干 - T_湿$。

『实验注意事项』

（1）用湿度计测定空气的相对湿度时，读数时应首先读湿温度计的示值，然后再读干温度计的示值。

（2）蘸水时应用加水器加水，水要充分蘸湿，但不要滴水。

（3）卡他计的酒精切勿充满上部的空间（只充到上部空间1/3），防止内部压力过大将贮液球爆裂。

『思考题』

（1）深刻理解井下气候条件对煤矿生产的重要性，应如何改善井下的气候条件？

（2）空盒气压计的读数为何要进行校正？

（3）为什么说卡他计是检查气温、湿度及风速综合作用的一种仪器？

2.1.3 通风点压力实验

『实验目的』

（1）学习用皮托管和压差计测定风筒中空气的点压力，并了解皮托管和压差计的构造（图 2-7、图 2-8）。

（2）学习用皮托管和压差计测定风筒某断面的平均风速、最大风速和速度场系数，并计算风量。

（3）$h_全 = h_静 \pm h_动$，$p_全 = p_静 + p_动$，验证不同通风方式下，全压、动压、静压间的关系以巩固在不同的通风方式下三种压力的相互关系。

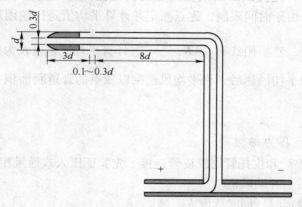

图 2-7 皮托管

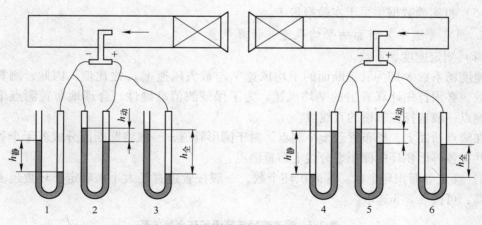

图 2-8 皮托管与压差计的布置方法

『实验仪器』

（1）通风实验装置。

（2）U 形压差计。

（3）皮托管。

（4）精密数字气压计。

『实验原理』

1. 管道中空气点压力的测定

皮托管与压差计布置如图 2-8 所示，左图为压入式通风，右图为抽出式通风。皮托管"+"管脚接受该点的绝对全压 $p_{全}$，皮托管"-"管脚接受该点的绝对静压 $p_{静}$，压差计开口端接受同标高的大气压 p_0。1、4 压差计的读数为该点的相对静压 $h_{静}$；2、5 压差计为该点的动压 $h_{动}$；3、6 压差计的读数为相对全压 $h_{全}$。就相对压力而言，$h_{全}=h_{静}\pm h_{动}$，压入式通风为"+"，抽出式通风为"-"。通过本实验数据可以验证相对压力之间的关系。

2. 测定管道中某断面的平均风速并计算风量

风流在管道中流动时，各点的风速并不一致，用皮托管测得的动压，实际上是风流在管道中流动时，皮托管在测试断面风流某点的动压值，而不是整个断面风流动压的平均值。在实际工作中，由于时间限制，逐点测定并计算平均值是比较困难的。通常只测量断面中心点最大动压值，然后用式 $v_{i均}=K\sqrt{\dfrac{2h_{i动大}}{\rho_i}}$ 计算平均风速（K 为速度场系数）。

求得测点断面的平均风速后，将平均风速乘以测点的管道断面积 S_i，即为管道通过的风量（$Q_i=v_{i均}S_i$）。

『实验步骤』

1. 管道中空气点压力的测定

（1）将 U 形压差计和皮托管用胶皮管连接。先验证压入式通风相对压力之间关系。

（2）检查无误后，开动风机。

（3）当水柱计稳定时，同时读取 $h_{全}$、$h_{静}$、$h_{动}$。

（4）然后用同样的方法同时读取抽出式管道的 $h_{全}$、$h_{静}$、$h_{动}$。

（5）将实验数据填写于实验报告中。

2. 测定管道中某断面的平均风速并计算风量

（1）测定速度场系数。

速度场系数 K 即为管道断面的平均风速 V_i 与最大风速 $V_{i最大}$ 之比值。因此，测算速度场系数，必须首先计算管道的平均风速。为了保证测值准确性，合理地布置测点十分重要。测点一般选择在管道的直线段。

在测点断面上，要布置若干个测点。对于圆形管道，一般将圆断面分成若干个等面积环，并在各等面积环的面积平分线上布置测点。

1）确定等面积环个数。等面积环个数，一般按管道直径大小来确定，环数越多则精度越高，可按表 2-3 选取。

表 2-3　管道直径与等面积环个数关系

管道直径/m	≤0.3	0.4	0.5	≥0.6
等面积环数/个	2~3	3~4	4~5	5~6

2）计算各测点距中心点的距离 r_i。

$$r_i = r_0 \sqrt{\frac{2i-1}{2n}} \qquad (2\text{-}10)$$

式中　r_i——各测点距中心点的距离，m；

　　　r_0——管道的半径，m；

　　　i——由管道中心点算起的等面积环编号数；

　　　n——等面积环个数。

为了安装皮托管方便，一般将 r_i 值换算成从管道一侧插到测点的深度 l_i。

3）依次测定各点动压。先测定管道断面中心点的最大动压，然后依次测定各测点的动压，将测定结果记录在实验报告书中。应当强调的是，在测定的过程中风流应保持稳定，否则对各测点的动压，最好用多支皮托管与压差计同时测定。

4）测定管道中的空气密度。管道流动的空气密度与外界相对静止的空气密度有所不同，但差别不大。为了节省时间，可采用实验2.1.2的测定结果。

5）计算中心最大风速、平均风速及速度场系数。

$$v_{i最大} = \sqrt{\frac{2h_{i最大}}{\rho_i}}, \text{m/s} \qquad (2\text{-}11)$$

$$v_{i均} = \sqrt{\frac{2}{\rho_i}} \frac{\sqrt{h_{动1}} + \sqrt{h_{动2}} + \cdots + \sqrt{h_{动n}}}{n}, \text{m/s} \qquad (2\text{-}12)$$

$$K = \frac{v_{i均}}{v_{i最大}} \qquad (2\text{-}13)$$

（2）计算通过管道的风量。

根据管道直径计算管道断面面积 S_i，按式 $Q_i = v_{i均}S_i$ 计算管道风量。

『实验记录』

将实验数据填入表2-4和表2-5。

表2-4　管道中某点空气相对压力值记录表

测量次数	压入式通风			抽出式通风		
	$h_{全}$/Pa	$h_{静}$/Pa	$h_{动}$/Pa	$h_{全}$/Pa	$h_{静}$/Pa	$h_{动}$/Pa
1						
2						
3						
平均						

表2-5　管道中某断面动压记录表

管道直径 $D=$

测量次数	$h_{动1}$/Pa	$h_{动2}$/Pa	$h_{动3}$/Pa	$h_{动4}$/Pa	$h_{动大}$/Pa	平均风速 /m·s^{-1}	最大风速 /m·s^{-1}	速度场系数 K	管道风量 /m³·s^{-1}
1									

测量次数	$h_{动1}$ /Pa	$h_{动2}$ /Pa	$h_{动3}$ /Pa	$h_{动4}$ /Pa	$h_{动大}$ /Pa	平均风速 /m·s^{-1}	最大风速 /m·s^{-1}	速度场系数 K	管道风量 /m^3·s^{-1}
2									
3									
平均									

『实验注意事项』

（1）实验现场有行人通过时，要等其通过后风流稳定时再测。

（2）同一断面测定三次，三次测得的计数器读数之差不应超过 5%，然后取其平均值。

『思考题』

（1）通风点压力测定和风速测定的基本操作是如何进行的?

（2）风速在矿井生产中是如何规定的，为什么要进行风速测定?

2.1.4　通风阻力实验

『实验目的』

（1）学习测算通风阻力及摩擦阻力系数的方法，加深对矿井通风阻力的理解;

（2）掌握测定通风阻力，求算风阻、等积孔的方法。

（3）掌握在通风管道中测算摩擦阻力系数的方法。

『实验仪器』

风机及管网系统、皮托管、胶皮管、三通、倾斜 U 形压差计、垂直 U 形压差计、精密数字气压计、干湿球温度计。

『实验内容』

1. 摩擦阻力系数 α 的测定

某一段风道（实验室为管道）的摩擦阻力可按下式计算:

$$h_{摩} = \frac{\alpha \cdot L \cdot U}{S^3} Q^2 \tag{2-14}$$

式中　　$h_{摩}$——摩擦阻力，毫米水柱，Pa;

　　　　α——摩擦阻力系数;

　　　　L——风道长度，m;

　　　　U——风道周边长，m;

　　　　S——风道断面积，m^2;

　　　　Q——通过风道的风量，m^3/s。

根据能量方程式知，当管道水平放置，两测点之间管道断面相等，没有局部阻力，且空气密度近似相等，则两测点之间的摩擦阻力就等于两测点之间的绝对静压差，即:

$$h_{摩} = h_{阻1-2} = p_1 - p_2 \text{，Pa} \tag{2-15}$$

$$R = h_{摩}/Q^2 \text{，N·s}^2/\text{m}^8 \tag{2-16}$$

等积孔面积 $A = \dfrac{1.19}{\sqrt{R}}$，$m^2$；摩擦阻力系数 $\alpha = \dfrac{hs^3}{ULQ^2}$，$N \cdot s^2/m^4$；核算为标准状态时的

$\alpha_{标} = \dfrac{1.2\alpha_{测}}{\rho_{测}}$，$N \cdot s^2/m^4$。

2. 局部阻力系数 ξ 的测定

由于风流的速度和方向突然发生变化，导致风流本身产生剧烈的冲击，形成极为紊乱的涡流，从而使能量损失。造成这种冲击涡流阻力叫局部阻力，可由下式求出：

$$h_{局} = \xi_{弯} \qquad\qquad (2\text{-}17)$$

『实验步骤』

（1）依据空盒气压计和干湿温度计的测定结果计算空气的密度。

（2）测定风道的断面平均风速。测点布置：为了准确测得断面风速分布，必需合理布置动压测点。通常是将圆断面分成若干等面积环，并在各等面积的面积平分线上布置测点。

（3）将 U 形压差计和皮托管用胶皮管连接，检查无误后开机测定。

（4）当压差计稳定时，同时读取 $h_{阻1-2}$ 记入实验报告书中。

（5）用皮尺量出测点 1、2 之间的距离，根据管道直径，计算出管道面积和周长。

（6）根据上述数据计算风阻、等积孔、摩擦阻力系数。

『实验记录』

将实验数据填入表 2-6~表 2-9。

表 2-6　空气参数记录表

原始大气压 p_0/hPa	干球温度 /℃	湿球温度 /℃	温度修正值	湿度修正值	补充修正值	大气压修正值 p/hPa	空气密度 /kg·m^{-3}

表 2-7　管道参数与压差计读数记录表

测量次数	$h_{阻1-2}$/Pa	测点间距离/m	周长/m	断面/m^2	空气密度/kg·m^{-3}
1					
2					
3					
平均					

表 2-8　平均风速测量参数表

测点编号	1	2	3	4	5	6	7	8	9	10	11	12
动压值 $h_{动i}$/Pa												
平均动压 /Pa												
平均风速 /m·s^{-1}												

表 2-9 管道摩擦风阻与摩擦阻力计算结果表

平均风速 /m·s⁻¹	风量 /m³·s⁻¹	管道风阻值 /Ns²·m⁻⁸	等积孔 /m²	摩擦阻力系数 /Ns²·m⁻⁴	摩擦阻力系数标准值 /Ns²·m⁻⁴

『实验注意事项』

（1）实验过程中，要按照指导教师的要求，进行实验所用仪器、设备的连接，经过认真仔细的检查，确定连接准确无误，一切准备就绪后，方可启动风机。

（2）压差计测定要防止积水、污泥进入胶皮管或因胶皮管打折而堵。

（3）皮托管要正对风流，否则将影响测定精度。

『思考题』

（1）通风阻力和摩擦阻力系数是怎样测定的，为什么要进行测定？

（2）通风阻力和摩擦阻力系数在矿井通风工作作用和意义有哪些？

（3）煤矿生产中降低通风阻力的措施有哪些？

2.1.5　通风机性能实验

『实验目的』

（1）熟悉轴流式风机性能测定装置的结构与基本原理。

（2）掌握利用实验装置测定风机特性的实验方法。

（3）通过实验得出被测风机的气动性能（p-Q，p_{st}-Q，N-Q，η-Q 曲线）。

（4）通过计算将测得的风机特性换算成无因次参数特性曲线。

（5）将实验结果换算成指定条件下的风机参数。

（6）学会使用有关仪器设备。

『实验仪器』

（1）实验装置。轴流式通风机性能实验装置如图 2-9 所示。本实验采用进气管实验法。

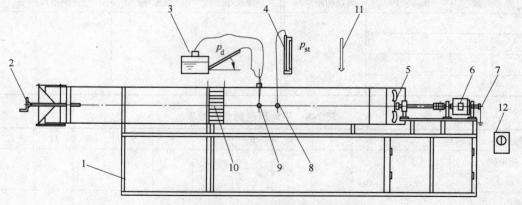

图 2-9　轴流式通风机实验装置简图

1—支架；2—风量调节手轮；3—微压计；4—U 形压力计；5—轴流式通风机；
6—电动机；7—平衡电机力臂；8—静压测压孔；9—皮托管及测压孔；
10—整流栅板；11—温度计；12—转速表

（2）实验仪表。

1）微压计（补偿微压计或倾斜微压计）；2）U 形压力计；3）温度计；4）转速表；5）皮托管；6）干湿球温度计；7）空盒气压计；8）相对湿度计；9）功率表。

『实验原理』

本实验主要测定轴流式通风机的空气动力特性。通过人为改变通风网路阻力大小，从而获得通风机的不同工况点参数，包括风压 p、流量 Q、轴功率 N、转速 n、效率 η 等。将这些工况参数按相似定律换算到标准大气状态和额定转速时的参数后，即可绘制出通风机的额定特性曲线。

各工况点参数测量及计算方法

（1）空气经过调节风阀 2 入风管，在整流格栅 10 后部用皮托管 9 和倾斜式微压计 3 测试管内动压 p_d，然后得出断面平均流速 v 和风量 q。即：

平均流速：

$$v = \sqrt{\frac{2p_d}{\rho}} \tag{2-18}$$

式中，ρ 为空气密度（由测定的空气温度查出），kg/m^3。20℃的空气，$\rho = 1.205 kg/m^3$。

风量：

$$Q = v \cdot A = v \frac{\pi D^2}{4} \tag{2-19}$$

式中，D 为圆截面风管直径，m。

（2）风机静压 p_{st} 由风机进口 U 形测压计测得的进口负压 p'_{st} 算出。即

$$p_{st} = p'_{st} + \Delta \tag{2-20}$$

式中，p'_{st} 为进口负压值，Pa；U 形管内装水，测得的是 mmH_2O，须将其换算成 Pa，（$1mmH_2O = 9.81Pa$）；Δ 为静压 p'_{st} 测点至风机入口处的损失值，按标准规定取 $\Delta = 0.15p_d$。

（3）风机全压 p 为静压 p_{st} 与动压 p_d 之和，即

$$p = p_{st} + p_d = p'_{st} + 1.15p_d \tag{2-21}$$

（4）用平衡电机 6 及平衡电机力臂测定轴功率 N，即

$$N = \frac{2\pi n L (G - G_0)}{60 \times 1000} \tag{2-22}$$

式中　N——轴功率，kW；

　　　n——风机转速，r/min；

　　　L——平衡电机力臂长度，m；

　　　G——风机运转时的平衡重量，N；

　　　G_0——风机停机时的平衡重量，N。

（5）风机效率 η 是计算得出的，由测定的流量 Q，风压 p 和轴功率 N 用下列公式算出效率 η：

$$\eta = \frac{p \cdot Q}{1000N} \tag{2-23}$$

式中　p——风机全压，Pa；

　　　Q——风机风量，m^3/s；

N——轴功率，kW。

『实验步骤』

上述试验装置准备就绪后，即可按下列步骤进行测试：

（1）脱开联轴器，使电动机单独运转，并在秤盘中加荷重，使挟杆平衡，然后停止运转。

（2）接上联轴器，使通风机和电动机一起运转，启动时应暂时关闭流器。

（3）改变风量调节手轮，使风量调节到一适当的数值，然后分别测出进风筒静压 p_{st} 和动压 p_d，以及电动机的转速 n（转/分），并读出测功器平衡荷重的重量 G（公斤）。

（4）继续改变风量，前后共计不少于 7 次，逐次分别测出其静压、转速和平衡荷重。

（5）在测试中途，用大气压力计测量一次当时室内的大气压力 p（毫米水柱）及进风口附近的空气温度 t（℃）和风筒内截面 I 处的空气温度 t_1（℃）。

（6）实验时的各项读数应分别记录在规定格式的记录纸上。

（7）通风机测试完毕后，将这些工况参数按相似定律换算到标准大气状态和额定转速时的参数后，即可绘制出通风机的额定特性曲线。

『实验记录』

表 2-10 为实验记录表。

表 2-10　风机性能测定实验记录

被测风机型号：＿＿＿＿＿＿＿＿　　　　制造号：＿＿＿＿＿＿＿＿＿

风机进口直径 D_1＿＿＿＿＿＿　m；　　出口面积 $A_2 = a×b =$＿＿＿＿＿＿ m^2；

风管直径 $D_{1P} =$＿＿＿＿＿＿　m；　　集流器直径 $d_n =$＿＿＿＿＿＿　m；

力臂长 $L =$＿＿＿＿＿＿　m；　　　　空载平衡重量 $\Delta G' =$＿＿＿＿＿＿　N。

大气压力 $p_a =$＿＿＿＿＿＿；　　　　大气温度 $t_a =$＿＿＿＿＿＿℃

工况调节	风流参数									风机参数	电机参数					
	h_{v1}/Pa	h_{v2}/Pa	h_{v3}/Pa	h_{v4}/Pa	h_{v5}/Pa	$h_{均}$/Pa	平均风速/m·s^{-1}	平均风量/m^3·s^{-1}	风流静压/Pa	风机静压/Pa	电流/A	电压/V	功率因数	风机转速/r·min^{-1}	轴功率/kW	风机效率/%
1																
2																
3																
4																
5																
6																
7																

『实验注意事项』

轴流式风机的特点是风量越小，轴功率越大，所以本实验不做关闭阀门的工况点，更不要在关闭阀门时启动电机，以防电机过载而烧坏。

『思考题』

（1）风机全压曲线与静压曲线有何差异？

（2）如果实验用的表格与计算都很准确，实验中获得的风机性能与真实性能有无差距，为什么？

2.1.6 通风管道断面流场系数及风量测定实验

『实验目的』

（1）掌握风量测定基本方法，熟悉常用测风仪表的原理、结构及其使用方法。

（2）测定圆形风管断面的流场系数，计算风量。

『实验仪器』

（1）DKS-2 型多功能空气动力学实验装置：1 台。

（2）YYT-200B 型斜管压力计：1 台。

（3）皮托管（4mm）：2 支。

（4）胶皮管：4 支。

（5）钢卷尺：1 把。

『实验原理』

采用等面积圆环法测定流场系数

（1）点风速 v_i：

$$v_i = \sqrt{\frac{2h_{dt}}{\rho}} \tag{2-24}$$

式中　v_i——某测点风速，m/s；

　　　ρ——空气密度，kg/m³；

　　　h_{dt}——测点动压，Pa。

（2）空气密度：

$$\rho = 0.00346p/T \tag{2-25}$$

式中　p——实验条件下大气压；

　　　T——实验条件下空气绝对温度，K。

（3）平均风速：

$$v_p = \frac{\sum_{i=1}^{6} v_i}{n} \tag{2-26}$$

（4）流场系数计算式：

$$K_L = \frac{v_p}{v_z} \tag{2-27}$$

式中　v_p——断面平均风速，m/s；

　　　v_z——断面中心点风速，m/s。

（5）风量计算式：

$$Q = v_p \times S \tag{2-28}$$

式中　v_p——断面平均风速，m/s；

　　　S——风筒断面积，m²（$S = 0.0283\text{m}^2$）。

『实验步骤』

（1）仪器调平、调零，选择倾斜系数；

（2）按动压测定连接皮托管与仪器端口（"+"接全压，"-"接静压）；

（3）测点布置见图 2-10。

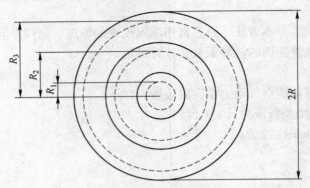

图 2-10　等面圆环法测点位置

测点位置计算式为：

$$R_i = R\sqrt{\frac{2i - 1}{2n}}\qquad\qquad(2\text{-}29)$$

式中　　R_i——第 i 个测点圆环半径，mm；

$\quad\quad\ R$——风管半径，mm；

$\quad\quad\ i$——从风管中心算起圆环序号；

$\quad\quad\ n$——等面积圆环数（$n=3$）。

（4）进行各测点动压测定。各测点位置每次用钢尺量好（L_i）。只要求测定与风管轴向相垂直的一组测点。为了计算流场系数，中心点风速也应测出（图 2-11）。

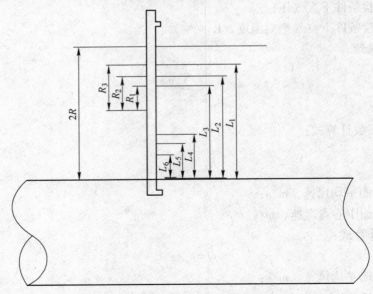

图 2-11　点位置的测量方法

（5）记录大气压、温度数值，以便计算空气密度。

『实验记录』

将实验数据填入表 2-11 和表 2-12。

表 2-11　测点位置计算表

测点号	1	2	3	中心点	4	5	6
测点圆环半径 /mm							
测点位置尺寸 /mm							

表 2-12　流场系数测定记录表

测点号	1	2	3	中心点	4	5	6
动压读数							
动压值/Pa							
风速/m·s^{-1}							

断面内径_____ mm，断面外径_____ mm，壁厚_____ mm。

大气压 $p(Pa)$ = _____，温度 $T(K)$ = _____，仪器倾斜系数 K_y = _____

平均风速 $v_p(m/s)$ = _____　　中心点风速 $v_z(m/s)$ = _____

流场系数 K_L = _____　　风量 $Q(m^3/s)$ = _____

『实验注意事项』

（1）测点位置的尺寸的量取要标准。

（2）测定中必须使皮托管水平段与风管轴相平行。

『思考题』

（1）如何确定皮托管管脚？

（2）管道中的风量大小对测定速度场系数有无影响？

2.2　矿井瓦斯防治技术实验

2.2.1　瓦斯浓度检测

『实验目的』

（1）掌握光学甲烷检测仪测定瓦斯浓度的方法。

（2）了解其他便携式甲烷检测仪的使用方法。

『实验仪器』

（1）AQG-1 型、GWJ-1 型光学甲烷检测仪。

（2）AWJ-1 型热效式甲烷检测仪。

（3）LRD-1 型热导式甲烷检测仪。

『实验步骤』

A　用光学甲烷检定器测定瓦斯浓度

在做好仪器使用前的准备工作后，按下述步骤进行实验：

（1）用新鲜空气清洗瓦斯室。手捏放橡皮球 5~6 次，吸入新鲜空气清洗瓦斯室。

（2）对零。如图 2-12 所示。

1）按下微读数电门按钮 7，转动微调螺旋 3，使微读数的零位刻度与指标线重合。

2）按下光源电门 8，转动主调螺旋 15，观看目镜 1，在干涉条纹中选定一条黑基线与分划板上的零位线相重，并记住这条黑基线，然后旋上护盖。

（3）测定瓦斯浓度。

将光学甲烷检测仪的进气口伸入瓦斯试样筒中，用手捏放橡皮球 3~5 次，将待测气体吸入瓦斯室。按下光源电门 8，由目镜中观察黑基线在分划板上的位置（参见图 2-13），黑基线移到 1%~2% 之间，然后转动微调螺旋 3，使黑基线退到 1% 的刻度上，再从微读数盘上读数，如果微读数为 0.52%，则所测定的结果是：1%+0.52% = 1.52%。测完后应逆时针转动微调螺旋，将测微刻度盘退到零位。

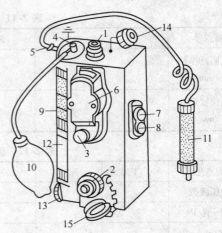

图 2-12　光学甲烷检测仪

1—目镜；2—主调螺旋；3—微调螺旋；
4—吸气孔；5—进气孔；6—微读数观察孔；
7—微读数电门；8—光源电门；9—水分吸收管；
10—吸气橡皮球；11—二氧化碳吸收管；
12—干电池；13—光源盖；14—目镜盖；
15—主调螺旋盖

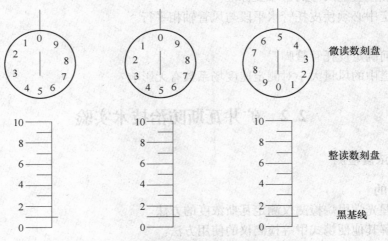

图 2-13　光学甲烷检测仪读数方法示意图

B　用热效式甲烷检测仪测定瓦斯浓度

AWJ-1 型热效式甲烷检测仪是一种以数字形式显示出瓦斯浓度的检测仪器，外形如图 2-14 所示，其使用方法如下：

（1）首先将仪器握在手中，按下检测开关按钮 11，观察发光数码管是否显示字头 "L"。若显示 "L"，则表明仪器电压不足，应进行充电。

（2）若仪器不需要充电，则经 15min 预热后，在新鲜空气中按下开关按钮 11，观察仪器是否显示"0.0"。若不显示："0.0"，应旋松防尘盖板紧固螺母 4，转动防尘盖板，露出电位器调节孔。印有"Z"字母上方的电位器 3 即为调零电位器。用小螺丝刀轻轻调节仪器的调零电位器，使仪器显示"0.0"。

（3）将仪器放到瓦斯试样筒中，按下开关按钮，经十几秒钟自然扩散后，即可读出瓦斯浓度值。

『实验记录』

记录三次测得的瓦斯浓度，取平均值。

『实验注意事项』

所有打火机等可致燃物品不得带入实验室内，保持实验室通风良好。

『思考题』

（1）井下瓦斯检测采气位置要在巷道的哪个地方？

（2）为什么当气样浓度过高时检测仪器会出现白板现象？

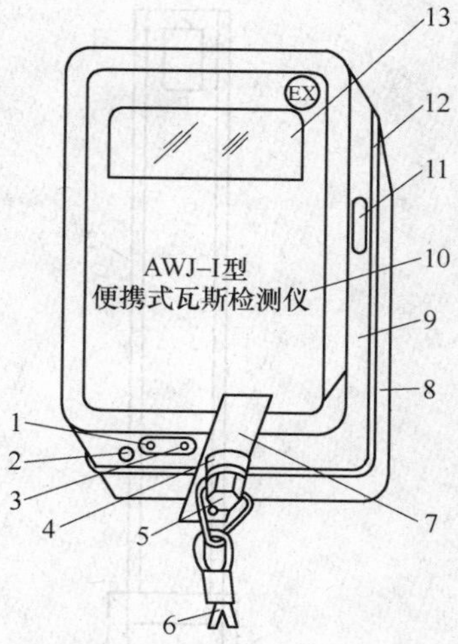

图 2-14 AWJ-1 型热效式甲烷检测仪
1—调准确度电位器；2—防尘盖板定位孔；
3—调零电位器；4—防尘盖板紧固螺母；
5—系带螺栓；6—系带；7—防尘盖板；
8—下外壳；9—上外壳；10—面板；
11—检测开关按钮；12—密封胶圈；
13—CH_4 读数显示窗口

2.2.2 煤的坚固性系数 f 测定实验

『实验目的』

（1）了解煤体突出特征参数。

（2）掌握煤的坚固系数 f 的测定方法。

『实验仪器』

捣碎筒，计量筒，分样筛（孔径 10mm 和 15mm、孔径 1mm 和 3mm、孔径 0.5mm 各一个），天平（最大称重 1000g，感量 0.5g），小锤，漏斗，参见图 2-15、图 2-16。

『实验内容』

采用落锤法进行煤的坚固系数 f 测定，煤体特征的观测。

『实验步骤』

（1）煤样用小锤碎成 10~15mm 的小块，用孔径为 10mm 和 15mm 的筛子筛选；如果煤软，不能用 10~15mm 筛子时，可用 1~3mm 的筛子进行筛选；取制备好的试样每 40g 一份，称取 5 份。

（2）将捣碎筒放置在水泥地上，放入试样一份，将 2.4kg 重锤提高到 600mm 的高度，使其自由落下冲击试样，每份冲击 1~5 次。

（3）把每组（5 份）捣碎后的试样一起倒入孔径为 0.5mm 的分样筛中筛分，筛到不再漏下煤粉为止。

（4）把筛下的粉末用漏斗装入计量筒内，轻轻敲打使之密实，然后轻轻插入具有刻度的活塞尺与筒内粉末面接触。在计量筒口相平处读取数值 h（即粉末在计量筒内实际测量高度，mm）。

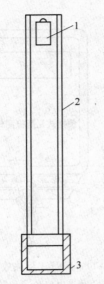

图 2-15　捣碎筒示意图

1—重锤；2—筒体；3—筒底

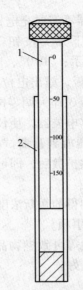

图 2-16　计量筒示意图

1—活塞尺；2—量筒

当 $h \geqslant 30\text{mm}$ 时，冲击次数 n 即可定为 3 次，按以上步骤断续进行其他各组的测定。

当 $h \leqslant 30\text{mm}$ 时，第一组试样作废，每份试样冲击次数 n 改为 5 次，按以上步骤进行冲击、筛分和测量，仍以每 5 份为一组，测定粉末高度 h。

（5）坚固性系数的计算。坚固性系数按下式计算：

$$f = 20n/h \tag{2-30}$$

式中　f——坚固性系数；

　　　n——每份试样冲击次数，次；

　　　h——每组试样筛下煤粉的计量高度，mm。

测定平行样 3 组（每组 5 份），求算术平均值，计算结果取一位小数。

（6）软煤坚固性系数的确定。如果取得的煤样粒度达不到测定 f 值所要求的粒度（20~30mm），可采取粒度为 1~3mm 的煤样按上述要求进行测定，并按下式进行计算：

当 $f_{1-3} > 0.25$ 时，$f = 1.57f_{1-3} - 0.14$

当 $f_{1-3} \leqslant 0.25$ 时，$f = f_{1-3}$

式中，f_{1-3} 为粒度 1~3mm 时煤样的坚固性系数。

『实验记录』

将实验数据填入表 2-13。

表 2-13　煤的坚固系数 f 的测定表

煤样编号	煤种类别	试样编号	冲击次数 n	计量筒读数 h/mm	坚固性系数 f	f 平均值	备注

续表 2-13

煤样编号	煤种类别	试样编号	冲击次数 n	计量筒读数 h/mm	坚固性系数 f	f 平均值	备注

『思考题』

（1）水分进入煤体会对测定结果有什么影响？

（2）落锤次数对测定结果有何影响？

2.2.3 瓦斯放散初速度 Δp 测定实验

『实验目的』

（1）了解煤体瓦斯突出的特征参数。

（2）掌握瓦斯放散指数的测定方法。

『实验仪器』

真空泵柱计：量程范围 $0 \sim 360$mmHg，误差<1mmHg，内径 3mm，真空泵，压力传感器，试样瓶，管路，甲烷气源。

『实验原理』

瓦斯放散初速度指标：3.5g 规定粒度的煤样在 0.1MPa 压力下吸附瓦斯后向固定真空泵释放时，用压差表示 10~60s 时间内释放出瓦斯指标。

『实验步骤』

（1）气密性检查：在不装试样时，对放散空间脱气使其压力达到 10mmHg 以下，停泵并放置 5min 后，放散空间压力增加应小于 1mmHg。

（2）煤样制备：筛分出粒度为 0.2~0.25mm 的煤样，每个煤样取 2 个试样，每个试样重 3.5g。

（3）脱气与充气：

1）把同一煤样的两个试样用漏斗分别装入 Δp 测定仪的试样瓶中。

2）启动真空泵对两个试样脱气 1.5h。

3）脱气 1.5h 后关闭真空泵，将甲烷瓶与试样瓶连接，充气使两个试样吸附瓦斯 1.5h。

4）将实验瓶与甲烷瓶、大气间阀门相互隔离。

（4）启动真空泵，对固定空间进行脱气，使 U 形管汞真空计两端液面相平；停止真空泵，试样瓶与固定空间相连接并使两者均与大气隔离，同时启动秒表计时，10s 时断开试样瓶与固定空间，读出汞柱计两端汞柱差 p_1，45s 时再连接试样瓶与固定空间，60s 时断开试样瓶与固定空间，再一次读出汞柱计两端差 p_2。瓦斯放散初速度指标按下式计算 $\Delta p = p_2 - p_1$。

『实验记录』

表 2-14 为瓦斯放散初速度 Δp 测定表。

表 2-14　瓦斯放散初速度 Δp 测定表

煤样编号	p_1	p_2	Δp	平均值	备　注
1					
2					
3					

注：同一煤样的两个试样测出 Δp 值之差不应大于 1，否则需要重新进行测定。

『实验注意事项』

（1）实验过程中保持实验室开窗通风，实验室内拒绝任何火源。

（2）严格按照实验要求进行操作，若甲烷报警器报警，必须立刻关闭甲烷气瓶，并有序撤离实验室。

『思考题』

（1）煤与瓦斯突出的危害是什么？

（2）测定瓦斯放散初速度 Δp 的意义是什么？

2.2.4　瓦斯爆炸演示实验

『实验目的』

了解瓦斯（煤尘）爆炸的原理、爆炸条件、爆炸过程、爆炸威力及其危害。

『实验仪器』

智能型瓦斯（煤尘）爆炸演示装置。

『实验原理』

（1）当瓦斯浓度达到 5%～16% 时遇火会爆炸。

（2）爆炸波使煤尘飞扬也参与爆炸。

『实验步骤』

1. 演示前准备

（1）高浓度瓦斯一袋。

（2）具有爆炸性的煤尘 200g，粒度为 200 目，经烘干后放入磨口瓶内。

2. 瓦斯爆炸引起煤尘爆炸实验步骤

（1）在没有充入瓦斯之前，将 220V 电源接通，按下面板电源开关，各显示屏亮，瓦斯显示为 0～0.5%，温度为当时天气温度，氧气为 20.9%，然后检查遥控器各功能是否正常。

（2）将煤尘爆炸腔拉出，然后将爆炸专用纸贴到瓦斯爆炸开放端，贴牢后再将煤尘爆炸腔推移复位，然后用锁紧装置将煤尘爆炸腔锁紧。

（3）喷煤孔内装入煤尘，或将煤尘放在煤尘爆炸腔底板上。

（4）若瓦斯浓度显示仪显示不为零，可调整显示仪内部的调零电位器。如系第一次进行实验，需校准瓦斯含量，校准方法：用光学瓦斯检测仪检测瓦斯爆炸腔内瓦斯实际含量，如果与该装置的瓦斯显示仪显示的瓦斯浓度一致，则说明显示仪显示的浓度准确；如果不一致，可调整面板上的校准电位器，使两者一致。如果连续两次显示读数相同，说明瓦斯浓度显示正常。校准后，不得随便调整，定期用上述方法进行调整。

（5）将瓦斯经瓦斯输入口缓慢输入到瓦斯爆炸腔内。观察瓦斯浓度含量，若达到要求浓度，关闭瓦斯输入开关。按下遥控器"混合"键将瓦斯爆炸腔内气体处于混合状态。将瓦斯与空气充分混合（也可待 2~3min，让气体自动混合），待瓦斯、氧气含量稳定后，关闭混合开关。等待起爆。如果瓦斯浓度太高、超过要求时，按下遥控器"调节"键，待达到要求时再按下"停止"键，停止输入新鲜空气，调节完毕。

（6）将人员撤离测点 10m 以外。

（7）等待起爆。起爆设置两种起爆方法：①高压点火起爆；②高温点火起爆，可检测点火温度。

（8）选择高压点火起爆，将遥控器对准瓦斯浓度显示仪中间倒计时 0 点位置，按下遥控器"电爆"键，瓦斯浓度显示仪倒计时红灯从 4 逐渐显示到 0。当显示到 1 时，自动喷煤；显示到 0 时，瓦斯起爆。

（9）选择高温点火起爆，按下"温爆"键，加热器进行缓慢加热，观察温度显示仪温度变化、闪光提示，当温度达到瓦斯爆炸温度时，瓦斯爆炸。如果中断加温，请按下"停止"键。

（10）起爆后，立即关掉电源总开关，用吸尘器将落入瓦斯爆炸腔内的煤尘吸出。操作时严禁用手接触点火头。

『实验注意事项』

（1）该仪器要由专人负责操作，保管和维护。实验前详细阅读说明书，了解操作步骤和功能键。

（2）演示现场 10m 范围内严禁烟火。

（3）每次实验后，瓦斯爆炸腔和煤尘爆炸腔内应用软布擦洗，保持内壁清洁。

（4）由于线路复杂，严禁非专业人员接触电路。

（5）清洗内腔时，注意高压点火器，不得碰坏。

（6）搬移时，小心轻放，以免损坏电器元件。

（7）在实验操作时，严禁将功能键按错。尤其是"起爆"键，不得随意按下，以免误爆。

『思考题』

（1）瓦斯（煤尘）爆炸的原理和爆炸条件是什么？

（2）瓦斯（煤尘）爆炸有哪些危害，如何预防？

（3）进一步理解在煤矿生产过程中"安全第一"的重要意义。

2.3 矿井火灾防治技术实验

2.3.1 煤的着火温度测定实验

『实验目的』

（1）掌握煤的着火温度测定方法。

（2）掌握基于煤爆燃时空气体积膨胀现象的人工观测法。

（3）学会使用有关仪器设备。

『实验仪器』

（1）着火温度人工测定装置见图 2-17。

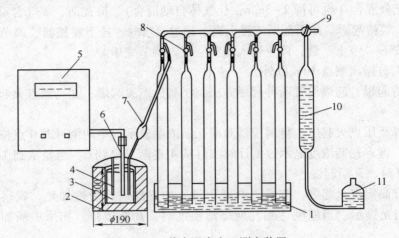

图 2-17　着火温度人工测定装置

1—水槽；2—加热炉；3—铜加热体；4—试样管；5—温度测控仪；6—测温电偶；
7—缓冲球；8，9—三通；10—量水管；11—水准瓶

1）加热炉：圆形，能加热到 600℃。

2）铜加热体：7 孔，见图 2-18。

3）温度测控仪：能在 100～500℃ 范围内控制升温速度为 4.5～5.0℃/min，测温精度为 1℃。

4）试样管：耐热玻璃制（见图 2-19）。

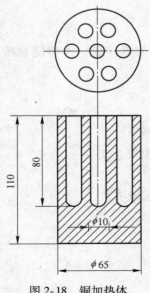

图 2-18　铜加热体

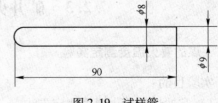

图 2-19　试样管

5）缓冲球（见图 2-20）。

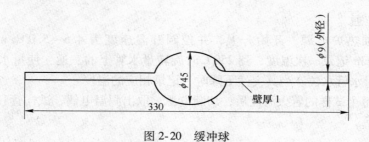

图 2-20 缓冲球

（2）分析天平：感量 1mg。

（3）玻璃称量瓶：直径约 40mm，高约 25mm，并带有严密的磨口盖。

（4）玛瑙研体。

（5）真空干燥箱，能自动控制温度在 50~60℃，压力在 53kPa 以下。

（6）鼓风干燥箱：能自动控温在 105~110℃。

『实验原理』

将煤样与氧化剂（亚硝酸钠）按一定比例混合，放入着火温度测定装置或自动测定仪中，以一定的速度加热，到一定温度时，煤样突然燃烧。记录测量系统内空气体积突然膨胀或升温速度突然增加时的温度，作为煤的着火温度。

『煤样的处理』

（1）按 GB474 中规定，将煤样制成粒度小于 0.2mm 的一般分析煤样。

（2）煤样处理。

1）原样：将煤样置于温度为 55~60℃、压力为 53kPa 的真空干燥箱中干燥 2h 后，取出放入干燥器中。

2）氧化样：煤样用过氧化氢处理，在称量瓶中放 0.5~1.0g 煤样，用滴管滴入过氧化氢溶液（每克煤约加 0.5mL），用玻璃棒搅匀，盖上盖，在暗处放置 24h；打开盖在日光或白炽灯下照射 2h，然后按（2）、1）干燥样品。

（3）试剂处理。

将亚硝酸钠放在称量瓶中，在 105~110℃ 的干燥箱中干燥 1h，取出冷却并保存在干燥容器中。

『实验步骤』

（1）称取已干燥的原样或氧化样（0.1±0.01)g 放入玛瑙研钵中，加入经干燥过的亚硝酸钠（0.075±0.001)g，轻轻研磨 1~2min，使煤样与亚硝酸钠混合均匀。

（2）按图 2-17 所示连接装置各部分。

（3）把铜加热体放入低于 100℃ 的加热炉内。

（4）将混匀后的试样小心倒入试样管中，试样管与缓冲球连接，然后放入铜加热体中，插入测温电偶。

（5）测定装置气密性检查：旋转测定装置储水管上的三通，使储水管与大气接通，向上移动水准瓶使水充满储水管。然后向下移动水准瓶使水槽内的水进入量水管到一定水平，随即扭转量水管上的三通使量水管与缓冲球相通。如果量水管水位下降一定距离后即停止，即证明气密良好；否则表明漏气，须检查原因予以纠正。

（6）移动水准瓶，使量水管充满水，并使水准瓶水面与储水管水面保持水平位置。关闭量水管上的三通。

（7）接通加热炉电源，开始升温，并控制升温速度为 4.5~5.0℃/min，待升温至 100℃时，每 5min 记录一次温度，到 250℃时旋转量水管上的三通，使量水管与缓冲球接通，随时观测量水管水位。当其突然下降时，记录相应的温度。

（8）测出每个试样的着火温度后，切断电源，取出测温电偶、试样管和铜加热体。

『结果表述』

（1）结果。

煤的着火温度以摄氏度（℃）表示。

每个煤样分别用原样和氧化样各进行两次重复测定，取重复测定的算术平均值修约到整数报出。

（2）重复性限：原样和氧化样的两次重复测定值的差值不得超过 6℃。

『实验记录』

表 2-15 为煤的着火温度记录表。

表 2-15 煤的着火温度记录表

序号	煤样/g	亚硝酸钠/g	混合样质量/g	原样着火温度/℃	氧化样着火温度/℃	煤的着火温度/℃
1						
2						
3						
4						

『实验注意事项』

（1）试样制作要精细。

（2）煤的燃烧要注意安全。

『思考题』

（1）如何测量煤的着火温度？

（2）如何连接装置各部分？

2.3.2 煤自燃特性测定实验

『实验目的』

（1）了解煤自然发火特性测定的意义。

（2）掌握煤样制备的方法。

（3）掌握程序升温实验系统使用方法。

（4）掌握煤自然发火特性程序升温实验的原理和方法。

『实验仪器』

本实验采用了 XCT-0 型程序升温实验装置。程序升温实验装置包括供气系统、程序升温系统和气样分析系统三部分。供气系统包括压缩空气瓶、减压阀、玻璃转子流量计及显示仪表，并用乳胶管依次连接；程序升温系统包括恒温箱及程序升温控制设备，箱内安装螺旋形预热管和试样罐，温度控制精度为 0.1℃；气样分析系统包括气袋和分析仪器。

设计实验装置及实物图如图 2-21 所示。

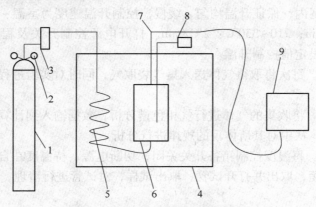

图 2-21　程序升温实验装置示意图

1—空气瓶；2—减压阀；3—玻璃转子流量计；4—程序升温控制箱；5—进气预热紫铜管；
6—煤样罐；7—出气紫铜管；8—热电偶温度测量仪；9—气袋

『实验内容』

实验条件按照中华人民共和国安全生产行业标准《煤层自然发火标志气体色谱分析及指标优选方法》AQ/T 1019—2006 规定安排。

将原煤样在空气中破碎并筛分，取粒度 0～0.9mm、0.9～3mm、3～5mm、5～7mm、7～10mm 部分各 20% 混合。试管装煤高度一般为 20cm，装煤体积为 1350cm^3，实验煤量一般是 1.0kg。程序升温试管中供气流量是 100mL/min，供气氧浓度体积比浓度为 20.95%（空气），升温速率为室温～110℃：0.5℃/min；110～210℃：1℃/min；210～330℃：2℃/min。

气体每升高 20℃取一次气体，本实验在室温～110℃采样 5 次，同样在 110～210℃进行 5 次采样，在 210～330℃采样 6 次，总共采样 16 次，采样温度分别为：30℃、50℃、70℃、90℃、110℃、130℃、150℃、170℃、190℃、210℃、230℃、250℃、270℃、290℃、310℃、330℃。根据得到的数据绘制曲线图，最后进行煤样耗氧速度分析以及气体产生速率的分析。

『实验步骤』

（1）填装试样。使用电子天秤取待测混合粒径煤样约 1kg 左右（准备两份相同质量的混合粒径煤样），一份装入试管，在煤样试管两端用螺丝扣紧固。在煤样试管两端与进出气路接合处均用耐高温生料带密封。测试试管气密性，确保良好。

（2）连接装置。检查电源连接情况、温度控制系统和供气系统的连接情况，保证电路的正确连通；将煤样试管垂直置入程序升温箱主体中，在煤样试管进气紫铜管内接出热电偶线后将螺丝扣紧固密封；用胶管和紫铜管依次连接好空气气瓶、流量计、进气以及出气管路。调节所需气体流量，检测气路的通畅情况，准备开始实验。

（3）调节温度。根据实验需要，通过温度控制表进行升温程序设置。温度的变化是会对原始煤样氧化过程产生较大影响的另外一个量，其与煤氧化速率同样呈非线性的关系，煤氧化反应速率符合阿仑尼乌斯公式，煤分子表面活性结构的活泼性随温度的变化而变化，温度越高，反应速度越快。有研究表明，温度每升高 10℃，该反应速度将升高一个数量级。所以，应保证每次实验的程序升温速度相同，使得实验结果可比性增强。同时，为在控温设备精度范围内，保证升温均匀、缓慢，控制升温速度为室温~110℃：0.5℃/min；110~210℃：1℃/min；210~330℃：2℃/min。打开电源控制开关及程序加温开关，设备开始根据升温程序设定值控制升温。

（4）收集气体。每次将取得气体送入集气袋取气，同时对实验过程中观察到的所有现象进行记录。

（5）整理数据。将收集的气体进行气相色谱分析，数据输入到计算机进行存档，并进行相关的图表绘制，从中对其所体现的规律进行分析。

（6）实验结束。将温度控制箱各开关关闭，切断电源，待温度在自然状态下降至室温后再打开程序升温箱，取出并打开试管，取出试样，对试管进行清理，以方便下次实验。

『实验记录』

将实验数据填入表 2-16 和表 2-17。

表 2-16　程序升温实验条件

煤样	粒度 /mm	平均粒径 /mm	煤重 /g	煤体积 /cm³	容重 /g·cm⁻³
煤样 1	混合粒径				
煤样 2	混合粒径				
煤样 3	混合粒径				
煤样 4	混合粒径				

表 2-17　升序升温实验数据

温度/℃	CO	CO_2	CH_4	O_2
30				
50				
70				
90				
⋮				
290				
310				
330				

『思考题』

（1）煤自燃的危害是什么，测定煤自然发火特性的意义是什么？

（2）为何要设计预热管路，设计预热管路对本实验的作用是什么？

（3）如何检查整套装置的气密性？

（4）如何计算耗氧速率、CO 产生率和 CO_2 产生率？

2.3.3　煤自燃倾向性测定实验

『实验目的』

（1）了解 ZRJ-1 型煤自燃倾向性测定仪的工作原理和基本构造。

（2）掌握利用 ZRJ-1 型煤自燃倾向性测定仪测定煤在常温常压下对流态氧的吸附特性的步骤和方法。

『实验仪器』

ZRJ-1 型煤自燃倾向性测定仪，见图 2-22。

图 2-22　ZRJ-1 型煤自燃倾向性测定仪

（1）主机分析单元。ZRJ-1 型煤自燃性测定仪主机分析单元分为吸附柱恒温箱、检测器及其恒温箱和气路控制系统三个部分。

（2）分析系统，该单元包括检测系统及微机控制、分析系统。

（3）煤样。

（4）氧气瓶。

（5）氮气瓶。

（6）皂膜流量计（或者适用流量计）。

『实验原理』

煤自燃倾向性色谱吸氧测定法，是以煤在低温常压下对氧的吸附属于单分子物理吸附状态为理论基础，按朗格谬尔单分子层吸附方程，用双气路流动色谱法测定煤吸附流态氧的特性，以煤在限定条件下，测定其吸氧量，以吸氧量值作为煤自燃倾向性分类主指标。

煤的自热首先是开始于吸附空气中的氧气。当煤中含有一定量的硫分时，硫化矿物的存在会吸附空气中的氧气并分解释放热量，促进煤的自热氧化。当煤中不含或含少量硫化物时，其开始的自热过程主要表现为煤自身吸附空气中的氧气的升温氧化过程。

煤氧化过程正是开始于吸附氧以后的表面反应，煤最初的吸氧特性反映了有关煤自热的某些特性，煤吸氧特性参量主要有：吸附氧量、吸附环境温度和吸附过程参量。

通过大量的试验研究表明，煤在低温常压下对氧的吸附符合郎格谬尔（Langmuir）提出的吸附规律，在实验中应满足下述条件：

（1）固体表面是均匀的，也即对某一单组分的煤粒可以认为其表面是均匀的，因此将每个组分颗粒的 Langmuir 吸附值叠加，可使煤的 Langmuir 吸附从总体上符合 Langmuir 吸附规律。

（2）被吸附分子间没有相互作用力。

（3）吸附为单分子层吸附。

（4）在一定条件下，吸附与脱附之间可以建立动态平衡。从而可以按单分子层吸附理论推导出的 Langmuir 吸附方程计算吸附量。

『实验步骤』

1. 煤样预处理

（1）送检煤样参照 GB-402—79《煤层原样采取方法》及 GB-474—77《煤样缩制方法》缩制成分析煤样（取 100g），其余煤样封存。

（2）将 100g 分析煤样全部（注意！必须是全部）粉碎至小于 0.15mm 粒度，但是应注意，0.1~0.15mm 粒级的粉煤应占总数的 65%~75%，粉碎后的煤样装入 250mL 的广口瓶中备用。

（3）称取四份 1.0±0.01g 分析煤样，分别装入四支样品管内，在管的两端塞以少量玻璃棉，按装在相应气路连接处。

（4）煤样水分处理：将六通阀置于脱附位置，四路开关阀全部打开，通氨气，用稳压阀将流量调至 40cm^3/min（用皂膜流量计测量），稳定 10min 后，启动仪器，将柱箱温度设定为 105℃，热导温度设为 25℃，待温度保持恒温（如 85℃）后，开始做吸氧量测定。

2. 仪器的启动步骤

（1）供气与检漏。仪器安装后，首先通载气和吸附气，并检查各接头处，特别是安装过程中初次连接的部件接头处是否漏气。简单的检漏方法是在各接头处涂抹检漏液（十二烷基硫酸钠溶液或皂液），观察是否有气泡出现。若有气泡出现，则说明该处漏气，可适当拧紧螺帽或更换密封压环重新安装拧紧、检漏，直到无漏气为止。

（2）供电。仪器通气十分钟后，【六通阀】置于【脱附】位置（注意：如果没有样品管时，【六通阀】置于【吸附】位置），给电源供电。

（3）测定步骤。用 ZRJ-1 仪器进行煤吸附氧含量的测定，实验中是测定氧的脱附量，其脱附值经热导检测器检测处理后直接显示或打印，脱附峰面积与脱附氧气量之间的关系可由仪器常数法标定。因此，需先进行仪器常数测定再进行煤吸附氧量的测定。

3. 仪器常数测定

（1）样品管的连接。将四支已经标定体积的空样品管，分别链接上 1、2、3、4 气路，并确保无漏气。

（2）供气及供电。打开氮气和氧气钢瓶，给定低压为 0.4MPa。

测流速：用皂膜流量计分别测定载气氮和吸附气氧的流速。将【六通阀】置于【脱附】位置，分别打开各路的切换开关，依次测定各路载气氮和吸附气氧的流速，N$_2$：（30±0.5）cm^3/min；O$_2$：（20±0.5）cm^3/min。

通电：打开主机、打印机电源开关，相应指示灯亮。

（3）选择测定条件。

设定【柱箱温度】30℃，【衰减】1，先选择【热导温度】80℃，【桥温】70℃，待温度稳定后，按【启动】键，走基线。

调基线：打开任一路切换开关，其他三路置于关闭状态，用面板上'调零旋钮'依次将各路基线调至一定位置（离打印机零点标准线 10~20mm 处），半小时内基线漂移应不大于 0.3mm。按【停止】键，停止走基线。

2.3 矿井火灾防治技术实验

35

　　将【六通阀】置于【吸附】位置，同时启动秒表计时，吸附 5min 后，将【六通阀】置于【脱附】位置，同时按【启动】键，绘制谱图及测定脱附峰面积。此峰面积为相应样品管体积和连接管（样品管与六通阀之间以及六通阀内体积）的总体积之和。

　　（4）扣除气路中的死体积。准备工作就绪后，打开第一路开关阀（测定第一路的仪器常数），其他三路关闭。【六通阀】置于【吸附】位置，吸附 5min，关闭第一路，立即打开另一路（如第二路），同时将【六通阀】置于【脱附】位置，按【启动】键，绘制色谱峰和打印峰面积。此峰面积为仪器气路中死体积相应的峰面积，其数值仅与操作条件有关，不参与仪器常数的计算，不必记录。

　　（5）样品管相应峰面积测定。打印结束后（注意：此时【六通阀】在【脱附】位置），立即关闭打开的第二路，打开第一路，再次按【启动】键，绘制色谱峰和打印峰面积值。此峰面积值即为相应样品管的峰面积值，是仪器常数计算的依据。

　　按此方法重复测定 5~10 次，得到第一路与第二路相关的测定值；以同样的方法测定第一路和第三路、第四路相关的测定值，计算相应的平均值后求得第一路的仪器常数。其他各路仪器常数按同样的操作方法测定。

　　（6）设定仪器常数计算的有关参数，直接得到仪器常数的测定结果。

　　4. 吸氧量测定

　　（1）煤样预处理（处理过程同上）。

　　（2）煤样吸氧量测定。

　　1）测定第一路的吸氧量，关闭其他三路，【六通阀】置于【脱附】位置，通氧气，用减压阀分别调节氨气和氧气流速，氨（30±0.5）cm^3/min，氧（20±0.5）cm^3/min（用皂膜流量计测量）。

　　2）【六通阀】置于【吸附】位置，同时用秒表计时，吸附 20min 后，【六通阀】置于【脱附】位置的同时按键，由系统分析并得出实管峰面积。

　　3）【六通阀】置于【吸附】位置，取下样品管，取出两边堵塞的玻璃棉，倒出煤样，用洗耳球吹净煤灰。将空管安装在气路上，同时将【六通阀】置于【脱附】位置。

　　4）以同样的方法测定通过空管时氨和氧气的流速，应与实管时测定的流速相近。

　　5）将【六通阀】置于【吸附】位置，吸附 5min 后，再将【六通阀】置于【脱附】位置，测定空管峰面积。

　　6）在系统中输入所有所需全部参数，例如仪器常数、实管峰面积、空管峰面积、煤样类型等。

　　7）由系统得出吸气量，并分析煤样自燃倾向性。

『实验记录』

　　表 2-18 为煤自燃倾向性测定原始记录表。

表 2-18　煤自燃倾向性测定原始记录表

组号	氧气流速/$cm^3 \cdot min^{-1}$	载气流速/$cm^3 \cdot min^{-1}$	煤样质量/g	煤吸氧量/$cm^3 \cdot g^{-1}$	备注
1					
2					
3					

『实验注意事项』

（1）开机时必须先通载气，后通电；停机时必须先停电，10min 后再关闭载气，氧气可在断开电源时同时关闭。

（2）仪器在启动状态下，操作过程中，气路中任何一路无样品管时，必须将六通阀置于吸附位置。

（3）实验室环境温度保持在 15~26℃ 范围内。

（4）送检煤样和分析煤样保存 6 个月。

『思考题』

测定煤自燃倾向性的意义是什么？

『附录』

煤自燃倾向性等级分类

中华人民共和国煤炭行业标准 MT/T 707—1997 煤自燃倾向性

以每克干煤在常温（30℃）、常压（1.0133×10^4Pa）下的吸氧量作为分类的主指标，煤自燃倾向性等级按表 2-19 和表 2-20 分类。

表 2-19 褐煤、烟煤类自燃倾向性分类表

自燃倾向性等级	自燃倾向性	煤吸氧量/$cm^3 \cdot g^{-1}$（干煤）
I	容易自燃	≥0.71
II	自燃	0.41~0.70
III	不易自燃	≤0.40

表 2-20 高硫煤、无烟煤自燃倾向性分类表

自燃倾向性等级	自燃倾向性	煤吸氧量/$cm^3 \cdot g^{-1}$（干煤）	全硫
I	容易自燃	≥1	>2.00
II	自燃	<1	≥2.00
III	不易自燃	<1	<2.00

含可燃挥发分≤18.0%

2.4 矿井粉尘防治技术实验

2.4.1 粉尘采集与测定实验

『实验目的』

（1）了解测量工作场所粉尘浓度的意义。

（2）了解工作场所空气中粉尘的容许浓度。

（3）掌握管道中用滤膜法测定空气中粉尘浓度的方法。室外大气及劳动环境中含尘浓度的测定方法与此相同。

『实验仪器』

DFS-3 粉尘采集装置、天平、连接管路、滤膜、风机。

『实验原理』

在抽气机的作用下，使一定体积的含尘空气通过滤膜，其中的粉尘被阻留在滤膜上，根据采样前后滤膜的增重（即扑尘量）和通过滤膜的空气量（用流量计测定），计算空气中的粉尘浓度。

滤膜法测尘系统如图 2-23 所示。

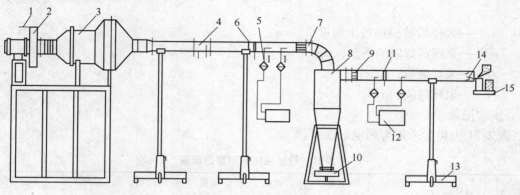

图 2-23 滤膜法测尘系统图

1—调风板；2—风机；3—净化箱；4—笛形管；5—取样斗；6—软管；7，9—整流格；8—旋风器；
10—灰斗；11—均压杯；12—采样器；13—底架；14—分散器；15—发尘器

『实验步骤』

（1）调平工作台：本实验采用万分之一机械式天平。使用天平前，先用底部支撑螺旋将天平工作台调平（天平水准器位于主架肩部）。

（2）调零：使天平盘空载（加码旋扭全部回零）。轻轻打开底架正前方的天平开关，放下托盘，转动游码调整旋钮，将游码调至零位。轻轻关闭天平开关。

（3）称重：用镊子将滤膜（注意：如膜上有粉尘，不要使粉尘掉下）放在天平托盘中心，关好天平门，估计滤膜重量，适当加载砝码。轻轻打开天平开关，观察游码移动方向。如游码漂离视域，则关闭天平开关，酌情加减砝码，使天平游标稳定在某一位置后，读取滤膜重量数值。

（4）滤膜的准备：从干燥皿中取出待用滤膜五片（备用滤膜要事先放在干燥皿内干燥），用镊子取下两面衬纸，用万分之一天平分别称重（滤膜初重 35~45mg 左右）。在实验记录上记好每片滤膜初重，将称好的滤膜用滤膜夹夹好，放入编号的滤膜盒内备用。

（5）将滤膜夹放入采样头内拧紧，按图 2-23 连接采样管路。

（6）开动采样器，调节流量计到 20~30mL（流量根据发尘浓度、采样时间确定，在采样过程中始终保持此采样流量）。

（7）开动实验装置风机，开动发尘器，调节发尘量（使滤膜的粉尘采集量在 1~20mg），同时开始计时（用秒表）。

（8）采样 3~10min，关闭发尘器→关闭采样器→关闭风机。

（9）取出滤膜夹，将采样后的滤膜及滤膜夹一起放入干燥皿内干燥 2h（学生实验主要学习实验方法，可以适当减少干燥时间，也可不烘干）。

（10）把干燥好的滤膜放在天平上称重（末重），根据膜上粉尘多少加载适量砝码，按上述方法称重。

（11）该实验粉尘用工业滑石粉，使用前要放在干燥箱内烘干，烘箱温度150℃，时间3h。

计算粉尘浓度：

$$C = \frac{g_1 - g_0}{Qt} \tag{2-31}$$

式中　g_1——采样后滤膜加粉尘的重量，mg；

　　　g_0——采样前滤膜的重量，mg；

　　　Q——采样流量，L/min；

　　　t——采样时间，min。

『实验记录』

表2-21为粉尘采集与测定记录表。

表 2-21　粉尘采集与测定记录表

测点	膜号	初重 /mg	末重 /mg	增重 /mg	流量 /L·s⁻¹	时间 /min	采样体积 /m³	含尘浓度 /mg·m⁻³

备注：等速系统样对提高测尘精度具有重要意义，为此现场测定中粉尘采样口内径时，应经过等速取样计算来确定，使取样口内外风速保持一致。在有条件的情况下，采用标准等速采样头最为理想。DFS-3装置的粉尘样口尺寸已经过等速采样计算。

『实验注意事项』

（1）在高温、可溶解滤膜的有机溶剂存在的条件下采样，可改用玻璃纤维滤膜。

（2）流量计和分析天平均应按国家规定的时间按时检定和校验。

（3）实验结束后，应将实验仪器清理干净恢复原位才可离开。

『思考题』

（1）影响实验精度的因素有哪些？

（2）如何安全正确使用粉尘采集装置？

2.4.2　界面张力测定实验

『实验目的』

（1）熟悉全自动界面张力仪的原理、结构、使用方法等。

（2）掌握各种实验液体的表面及界面张力值的测试方法。

『实验仪器』

全自动界面张力仪。

『实验原理』

将铂金环浸入液体一定位置；被测液体玻璃器皿下降，铂金环与被测液体之间的膜被拉长，使铂金环受到一个向下的力，膜逐渐拉长，张力值逐渐增大，最大值就是液体的实测张力值 P；通过传感器及电路处理自动显示出张力值 P；张力值 P 再乘以该液体的校正因子 F（取决于实测张力值 P，液体密度，铂金丝的半径及铂金环的半径），即是液体的实际张力值 $P_实$，即 $P_实 = P \times F$。

『实验内容』

使用自动界面张力仪并进行界面张力计算。

『实验步骤』

（1）仪器调水平。

（2）检查磁芯自由下垂、扭力丝张紧、杠杆臂水平。

（3）打开电源稳定 15min。

（4）对于测表面张力，把 25℃ 的试样倒入玻璃杯中 20~25mm 高，使铂金环深入 5~7mm 处。

（5）使被测液体下降最终测出最大值就是液体的实测表面张力值 P。

（6）计算出实际的张力值 $P_实 = P \times F$。

在该仪器中：

$$F = 0.7250 + \sqrt{\frac{0.01452P}{C^2(D-d)} + 0.04534 - \frac{1.679}{R/r}} \tag{2-32}$$

『实验记录』

记录使被测液体下降最终测出最大值即为液体的实测表面张力值 P，再利用公式计算出实际的表面张力。

『实验注意事项』

（1）试验前应进行仪器的校验，用质量法校验：

1）仪器安装好后，在铂金环上放一小纸片，调零；

2）小纸片上放一 1000mg 砝码，显示值为 81.7±0.1；

3）若误差不在此范围，可通过可调电位器进行调整。

（2）仪器的技术参数和测量范围：

1）测量范围 0~199.9mN/m；

2）分辨率 0.1mN/m；

3）示值相对误差小于 1%。

『思考题』

（1）简述仪器的用途和应用领域。

（2）简述界面张力测定的目的和作用。

2.4.3　接触角测定实验

『实验目的』

（1）了解液体在固体表面的润湿过程以及接触角的含义与应用。

（2）掌握用静滴接触角/界面张力测量仪测定接触角和表面张力的方法。

『实验仪器』

仪器：JC2000C1 静滴接触角/界面张力测量仪，微量注射器，容量瓶，镊子，玻璃载片，涤纶薄片，聚乙烯片，金属片（不锈钢、铜等）。

试剂：蒸馏水，无水乙醇，十二烷基苯磺酸钠（或十二烷基硫酸钠）。

十二烷基苯磺酸钠水溶液的质量分数：0.01%，0.02%，0.03%，0.04%，0.05%，0.1%，0.15%，0.2%，0.25%。

『实验内容』

（1）考察在载玻片上水滴的大小（体积）与所测接触角读数之间的关系，找出测量所需的最佳液滴大小。

（2）考察水在不同固体表面上的接触角。

（3）等温下醇类同系物（如甲醇、乙醇、异丙醇、正丁醇）在涤纶片和玻璃片上的接触角和表面张力的测定。

（4）等温下不同浓度的乙醇溶液在涤纶片和玻璃片上的接触角和表面张力的测定。

（5）等温下不同浓度表面活性剂溶液在固体表面的接触角和表面张力的测定。

液体：十二烷基苯磺酸钠溶液浓度（质量分数）：0.01%，0.02%，0.03%，0.04%，0.05%，0.1%，0.15%，0.2%，0.25%。

（6）测定浓度为 0.1% 十二烷基苯磺酸钠水溶液液滴在涤纶片和载玻片表面上接触角随时间的变化。

『实验步骤』

1. 接触角的测定

（1）开机。将仪器插上电源，打开电脑，双击桌面上的 JC2000C1 应用程序进入主界面。点击界面右上角的活动图像按钮，这时可以看到摄像头拍摄的载物台上的图像。

（2）调焦。将进样器或微量注射器固定在载物台上方，调整摄像头焦距到 0.7 倍（测小液滴接触角时通常调到 2~2.5 倍），然后旋转摄像头底座后面的旋钮调节摄像头到载物台的距离，使得图像最清晰。

（3）加入样品。可以通过旋转载物台右边的采样旋钮抽取液体，也可以用微量注射器压出液体。测接触角一般用 0.6~1.0μL 的样品量最佳。这时可以从活动图像中看到进样器下端出现一个清晰的小液滴。

（4）接样。旋转载物台底座的旋钮使得载物台慢慢上升，触碰悬挂在进样器下端的液滴后下降，使液滴留在固体平面上。

（5）冻结图像。点击界面右上角的冻结图像按钮将画面固定，再点击 File 菜单中的 Save as 将图像保存在文件夹中。接样后要在 20s（最好 10s）内冻结图像。

（6）量角法。点击量角法按钮，进入量角法主界面，按开始键，打开之前保存的图像。这时图像上出现一个由两直线交叉 45°组成的测量尺，利用键盘上的 Z、X、Q、A 键即左、右、上、下键调节测量尺的位置：首先使测量尺与液滴边缘相切，然后下移测量尺使交叉点到液滴顶端，再利用键盘上<和>键即左旋和右旋键旋转测量尺，使其与液滴左端相交，即得到接触角的数值。另外，也可以使测量尺与液滴右端相交，此时应用180°减去所见的数值方为正确的接触角数据，最后求两者的平均值。

（7）量高法。点击量高法按钮，进入量高法主界面，按开始键，打开之前保存的图像。然后用鼠标左键顺次点击液滴的顶端和液滴的左、右两端与固体表面的交点。如果点击错误，可以点击鼠标右键，取消选定。

2. 表面张力的测定

（1）开机。将仪器插上电源，打开电脑，双击桌面上的 JC2000C1 应用程序进入主界面。点击界面右上角的活动图像按钮，这时可以看到摄像头拍摄的载物台上的图像。

（2）调焦。将进样器或微量注射器固定在载物台上方，调整摄像头焦距到 0.7 倍，然后旋转摄像头底座后面的旋钮调节摄像头到载物台的距离，使得图像最清晰。

（3）加入样品。可以通过旋转载物台右边的采样旋钮抽取液体，也可以用微量注射器压出液体。测表面张力时样品量为液滴最大时。这时可以从活动图像中看到进样器下端出现一个清晰的大液泡。

（4）冻结图像。当液滴欲滴未滴时点击界面的冻结图像按钮，再点击 File 菜单中的 Save as 将图像保存在文件夹中。

（5）悬滴法。单击悬滴法按钮，进入悬滴法程序主界面，按开始按钮，打开图像文件。然后顺次在液泡左右两侧和底部用鼠标左键各取一点，随后在液泡顶部会出现一条横线与液泡两侧相交，然后再用鼠标左键在两个相交点处各取一点，这时会跳出一个对话框，输入密度差和放大因子后，即可测出表面张力值。

注意：密度差为液体样品和空气的密度之差；放大因子为图中针头最右端与最左端的横坐标之差再除以针头的直径所得的值。

『实验记录』

将实验数据填入表 2-22～表 2-24。

表 2-22　水在不同固体表面的接触角的测量

实验温度_____

固体表面	$\theta/(°)$（量角法）			$\theta/(°)$（量高法）
	左	右	平均	
玻璃				
涤纶				
金属				

表 2-23　醇类同系物在涤纶片和玻璃片上的接触角和表面张力的测定

实验温度_____

醇类同系物	$\theta/(°)$	$\cos\theta$	$\gamma/mN \cdot m^{-1}$
甲醇			
乙醇			
异丙醇			
正丁醇			

表 2-24 等温下不同浓度表面活性剂溶液在固体表面的接触角和表面张力的测定

实验温度_____

浓度	$\theta/(°)$		$\cos\theta$		$\gamma/\text{mN} \cdot \text{m}^{-1}$	$W_a/\text{mN} \cdot \text{m}^{-1}$		$S/\text{mN} \cdot \text{m}^{-1}$	
	涤纶	玻璃	涤纶	玻璃		涤纶	玻璃	涤纶	玻璃
0.01%									
0.02%									
0.03%									
0.04%									
0.05%									
0.10%									
0.15%									
0.20%									
0.25%									

注：表中 W_a 为黏附功；S 为铺展系数。

用所测得的表面张力数值对十二烷基苯磺酸钠溶液的浓度作图，根据其表面张力曲线了解表面活性剂的特性。

『实验注意事项』

（1）测量温度范围：室温 ~190℃。

（2）仪器放大倍率 30×、50×、100×、150×。

『思考题』

（1）液体在固体表面的接触角与哪些因素有关？

（2）在本实验中，滴到固体表面上的液滴的大小对所测接触角读数是否有影响，为什么？

（3）实验中滴到固体表面上的液滴的平衡时间对接触角读数是否有影响？

2.4.4 粉尘分散度测定

『实验目的』

学习并掌握粉尘分散度的测定原理及方法。

『实验原理』

1. 粉尘采样器工作原理

粉尘采样器内有采样头（内装滤膜）、流量计（稳流电路）、抽气泵、计时器（或可编制自动计时控制电路）和电源等组成。以图 2-24 所示的 AZF-02 型粉尘采样器为例，采样时由微电机带动薄膜泵运动，造成负压将含尘空气吸入粉尘分离装置1，分离后的呼吸性粉尘由滤膜2收集。在气路中串联的转子流量计4指示瞬间流量，稳流箱5将薄膜泵6产生的脉动气流变为平稳气流，以减小流量误差和震动。与采样时同步开始与停止的数码显示数字表示采样时间。根据采样流量、时间和滤膜增重（收集的粉尘质量），即可算出测尘地点的平均粉尘浓度。

2. 粉尘分散度测定原理

滤膜溶解涂片法：采集有粉尘的滤膜溶于有机溶剂中，形成粉尘颗粒的混悬液，制成

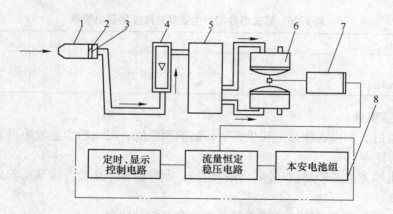

图 2-24 粉尘采样器结构及工作原理图
1—粉尘分离装置；2—滤膜夹及滤膜；3—采样头；4—转子流量计；
5—稳流箱体；6—薄膜泵；7—微电机；8—控制电路

标本，在显微镜下测量和计数粉尘的大小及数量，计算不同大小粉尘颗粒的百分比。

『实验仪器』

AZF-02 型粉尘采样器，XPS-500 型生物显微镜，目镜测微尺，物镜测微尺，载物玻片，显微镜，小烧杯或小试管，小玻棒，滴管，乙酸丁酯或乙酸乙酯。

耗材：粉尘、滤膜等。

『实验步骤』

（1）将采有粉尘的滤膜放在瓷坩埚或小烧杯中，用吸管加入 $1\sim2mL$ 乙酸丁酯，再用玻璃棒充分搅拌，制成均匀的粉尘混悬液；立即用滴管吸取一滴，滴于载物玻璃片上，用另一载物玻片成 45°角推片，贴上标签、编号，注明采样地点及日期。

（2）制好的标本应保存在玻璃平皿中，避免外界粉尘的污染。

（3）分散度的测定：取下物镜测微尺，将粉尘标本放在载物台上。先用低倍镜找到粉尘粒子，然后用 $400\sim600$ 倍镜观察。用目镜测微尺无选择地依次测定粉尘粒子的大小，遇长径量长径，遇短径量短径。至少测量 200 个尘粒（见图 2-25），按表 2-25 记录，算出百分数。

对可溶于有机溶剂中的粉尘和纤维状粉尘，本法不适用。可采用自然沉降法。这里不再介绍。

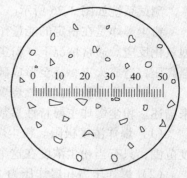

图 2-25 粉尘分散度测定

『实验记录』

将实验数据填入表 2-25 和表 2-26。

表 2-25 第一组数据粉尘数量分散度测量记录表

粒径/μm	<2	2~5	5~10	≥10
尘粒数/个				
百分数/%				

表 2-26　第二组数据粉尘数量分散度测量记录表

粒径/μm	<2	2~5	5~10	≥10
尘粒数个				
百分数/%				

『实验注意事项』

（1）镜检时，如发现涂片上粉尘密集而影响测量时，可向粉尘悬液中再加乙酸丁酯稀释，重新制备标本。

（2）用玻璃器皿必须擦洗干净，保持清洁，制好的标本应放在玻璃培养皿中，避免外来粉尘的污染。

（3）本法不能测定可溶于乙酸丁酯的粉尘和纤维状粉尘。

『思考题』

（1）测量粉尘粒径的方法有哪些？

（2）表达粉尘粒度分布的指标有哪些？

2.4.5　可燃性粉尘爆炸特性测定实验

『实验目的』

（1）了解和认识可燃粉尘爆炸过程及其相关爆炸特性。

（2）掌握利用 20L 球形爆炸装置测试可燃粉尘的爆炸极限、爆炸压力和爆炸性能。

『实验仪器』

20L 球形爆炸测试系统一套；高精度电子天平一台。

化学点火头若干；可燃固体介质粉尘若干。

『实验原理』

测试系统如图 2-26 所示。

粉尘爆炸是在一定的能量作用下，浓度处于某一范围内的可燃粉尘在空气中发生的剧烈氧化反应。通常情况下，粉尘爆炸的发生，伴随着大量反应热的释放，极易形成局部高温高压，造成火灾，甚至形成破坏力巨大的冲击波。

可燃固体介质粉尘的燃烧爆炸十分复杂，其爆炸性主要通过测试得到的爆炸特性参数来描述。粉尘爆炸主要特性参数包括：

（1）爆炸浓度极限。粉尘爆炸浓度极限指的是粉尘/空气混合物的爆炸存在一定的浓度范围，只有当粉尘浓度在这个范围内时，粉尘云才会发生爆炸。

（2）爆炸压力和爆炸压力上升速率及爆炸指数 K_{st}。根据 ISO06184/I—85《空气中可燃粉尘爆炸参数测定》规定，在标准测试方法下，测得可燃粉尘/空气混合物每次试验的最大爆炸超压称为爆炸压力 p_m，所测爆炸压力-时间曲线上升段上的最大斜率成为爆炸压力上升速率 $(dp/dt)_m$，并定义 $(dp/dt)_m$ 与爆炸容器容积 V 立方根的乘积为爆炸指数 K_{st}，即：

$$K_{st} = (dp/dt)_m V^{\frac{1}{3}} \tag{2-33}$$

（3）最大爆炸压力和最大爆炸压力上升速率及爆炸指数 K_{max}。可燃粉尘/空气混合物在较宽范围内，测得 $p_m = (dp/dt)_m$ 及 K_{st} 值中最大者分别称为最大爆炸压力、最大爆炸压

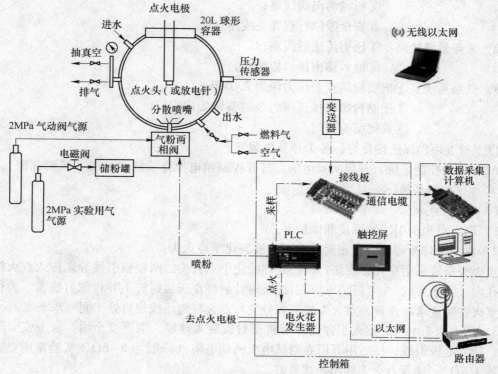

图 2-26　20L 球形爆炸测试系统示意图

力上升速率和 K_{max}。本实验是利用国内外通行粉尘爆炸测试装置 20L 爆炸球，以化学点火头为点火器具，直接测试可燃固体粉尘爆炸浓度下限、爆炸压力、爆炸压力上升速率及爆炸指数等特性参数。

『**实验步骤**』

1. 点火头的制作

（1）组成。20L 球形爆炸容器通常使用化学点火头作为引爆源，主要成分锆粉、硝酸钡和过氧化钡，按照 4∶3∶3 的比例混合而成，产生 10kJ 能量的如此组成的点火头质量为 2.4g，相应的 0.24g 质量能产生 1kJ 能量。

（2）制作和储存。三种粉料必须充分研磨混合均匀，粉药称重应采用千分之一天平。点火头应储存在凉爽、干燥的容器中。

（3）规格。点火头采用纸筒卷制，纸张采用较薄的白色 A3 草稿纸，长 5 宽 4 裁为 20份，长边沿均匀粗细的水性笔杆卷出大致粗细的纸筒，对折后用胶带扎起（纸筒装药部分禁止缠胶带，以免影响点火能量）。

（4）制作安全问题。盛装及处理粉料容器必须良好接地，操作工人操作必须佩戴防护眼镜，制作场地应配备灭火设施和其他安全应急措施。

2. 一次典型粉尘爆炸试验操作步骤

（1）系统检查。

1）控制系统线路：①电接点压力表常开触点线路；

　　　　　　　②机械两向阀线路；

　　　　　　　③安全限位行程开关线路。

　　2）采样系统线路：①压力传感器线路；

　　　　　　　　　　　②输入输出接口板线路。

　　3）气路系统：①把喷粉阀控制压力调到 2.0MPa；

　　　　　　　　　②把储粉罐电接点压力表调整到 2.0MPa；

　　　　　　　　　③关闭所有阀门。

以上检查须确保连接良好，各个环节不漏气。

（2）启动控制系统。开启实验电脑，打开控制箱电源盒采样卡电源（机箱背面），启动 PLC 程序控制系统。

（3）安装点火头。

1）取出点火头引线绝缘皮和保护套。

2）将 20L 球形爆炸装置密封盖取下，安装化学点火头。

点火头安装采用穿孔缠绕法：将已处理的化学点火头的两根铜引线分别传入点火杆的穿线孔内，导线大约一半过孔，过孔引线顺时针缠绕在压线螺钉上并将螺钉旋紧。为保证爆炸点火在装置求新位置，点火头底部要分应与点火杆两压线螺钉处于同一水平线上。

3）测点火头电阻。点火头固定好后将密封盖装入球罐，取下安全钳，合上安全限位开关，插上电极引线；然后用万用表测试电极两端电阻（一般为 5~6Ω，实验室用点火头电阻约 1.8Ω），确保点火头线路连接良好。

（4）装粉。将已经处理的粉料按浓度要求称取一定量，装入储粉罐（装粉时尽量把待爆炸粉尘推入储粉罐底部），把 O 形圈周围清扫干净，然后把储粉罐盖旋紧。

（5）抽真空。首先关闭泄压阀，打开真空压力开关盒连接真空泵的软管阀门，启动真空泵抽至负压约 -0.06MPa，然后依次关闭真空泵、真空压力表开关盒连接真空泵的软管阀门。

注意：若真空泵压力表前的开关不关闭会损坏真空压力表，若真空泵前的软管阀门不关闭会损坏真空泵。

（6）启动数据采集系统。启动数据采集系统并填写实验条件数据：包括粉尘名称、粒径、浓度、含湿量及点火能量等各种参数，并对压力轴设置合适的最大压力值；点击等待采样工具按钮使采样程序处于等待采样状态。

（7）运行。将"手动/自动"按钮转向"自动"位置，按下运行按钮即完成一次爆炸过程。

（8）数据记录。爆炸过程中，程序会自动记录粉尘爆炸压力曲线，并自动计算出最大爆炸压力上升速率和爆炸指数；记录者应注意同时保存 .set. 和 .bmp 两类文件。

（9）清洗。

1）开启 20L 装置上泄压阀门，直至球体内达到常压状态。

2）取出装置密封盖和粉尘分布器，歇息废旧点火头，用抹布将密封盖和分布器擦拭干净。

3）先用刷子将罐体刷一遍，用吸尘器吸出罐体内悬浮粉尘及罐底残渣，将"手动/自动"按钮转向"手动"位置，按下"进气"按钮，然后按下"清洗"按钮，用吸尘器清洗罐体，进气和清洗需要重复 2~3 次，然后装上分布器，再重复一次上述操作。

『实验注意事项』

（1）禁止 20L 装置内压力高于大气压时打开装置的密封盖，必须在排气阀门处于开启状态才能打开。

（2）安装点火头前，必须用安全钳将点火头短路，用万用表测量点火头时，必须扣上密封盖后测量，防止意外电流通过引爆点火头。

（3）清洗时和实验前必须关好真空泵及真空泵前的阀门，否则会损坏压力表。

（4）本设备的设计压力为 2.5MPa，工作压力为 1.5MPa，可以满足一般工业粉尘爆炸特性测试。但不得用于初试压力大于 0.15MPa（绝对压力）的爆炸性测试，也不适用于爆炸性粉尘的测试。

『思考题』

（1）可燃性粉尘爆炸特性参数有哪些，影响粉尘爆炸的因素有哪些？

（2）20L 球形爆炸测试装置的工作原理是什么？

第 3 章　应急救援实验

【本章学习要点】

应急救援一般是指针对突发、具有破坏力的紧急事件采取预防、预备、响应和恢复的活动与计划。应急救援是涉及面极广的实践活动，组织实施应急救援需要多方面的理论知识和技术知识作为支撑。本章主要介绍应急检测实验和应急救援实验等内容。

3.1　应急检测实验

3.1.1　可燃气体检测报警实验

『实验目的』

（1）掌握可燃气体的爆炸范围和爆炸极限等概念。

（2）学会可燃气体检测报警仪的使用。

（3）准确检测给定环境中可燃气体的浓度。

『实验仪器及原理』

实验所用可燃气体检测报警仪采用催化原理传感器、智能化信号处理系统，具备存储、读取数据的功能。仪器具有测量范围宽、使用寿命长、准确度高、操作简便等优点，适用于工作环境中连续检测烷烃类、醇类和有机挥发物等可燃气体的浓度，可在石油、化工、天然气、消防等行业广泛应用。

本实验中传感器以扩散方式直接与环境中的被测气体反应，产生线性变化的电压信号。信号处理电路由以智能芯片为主的多块集成电路构成。传感器输出信号经滤波放大、模数转换和模型运算等处理，直接在液晶屏上显示被测气体的浓度值。仪器可设置二级报警，当气体浓度达到预置的报警值时，仪器将依据报警级别的不同，发出不同频率的声、光报警信号。仪器的工作指示灯每隔 10s 闪烁一次，表示仪器工作正常。当电池电压下降到一定程度需要充电时，显示屏会出现欠压标志，提示操作者充电。

仪器主要技术参数如下。

（1）环境参数。

工作环境：$-5 \sim +40℃$；相对湿度：$\leq 95\%RH$；保存温度：$-20 \sim +50℃$。

（2）电源。

仪器使用充电锂电池，可连续工作 $6 \sim 8h$。

（3）技术参数。

检测范围：$0 \sim 100\%LEL$；误差：$\leq \pm 5\%FS$；响应时间：30s（T90）。

（4）整机工作电流。

静态：≤110mA；报警状态电流：≤160mA；背光电流：≤130mA。

『实验步骤』

可燃气体检测报警仪的使用分为三种状态：测量状态、校准状态和标定状态。操作者常用的是测量状态和校准状态。维修人员在仪器的标定状态下对仪器标定。

1. 测量状态

按下"开关"键，液晶屏显示移动的"8"，听到蜂鸣器三声"嘟"后，即可松开按键，完成开机过程，进入测量状态，液晶屏显示测量数据。仪器在测量状态可以完成以下功能。

（1）实时测量功能：仪器实时测量环境中的可燃气含量。

（2）报警与消声功能：仪器有两级报警功能，报警限值可预置。当仪器检测到环境中的可燃气含量超过报警限值时，即发出声光报警信号。操作者可以按一下"🔔"键关闭声报警信号，只保留光报警信号。

（3）背光功能：按一下"🔔"键，液晶屏背光开启，以便于夜间观察。持续5s后，背光自动关闭。

（4）最大值保持功能。

开启最大值测量：按住"🔔"键，直至液晶屏左下角显示"MAX"标志，此时开始测定，仪器显示的是测量过程中的最大值。

结束最大值测量：按住"🔔"键，直至液晶屏左下角的"MAX"标志消失，仪器返回实时测量状态。

2. 校准状态

仪器的校准必须在清洁的空气中进行。仪器处于测量状态时，按一下"设置"键，进入校准状态，液晶屏显示闪烁的"000"。按一下"设置"键，仪器进行零点校准，结束时液晶屏显示"End"。如不操作任何键，5s后自动返回测量状态。

3. 设置报警值

零位校准结束，液晶屏显示"End"时，再按一下"设置"键，则进入报警限设置。按"🔔"键或"🔔"键，可修改报警限值，修改完毕按一下"设置"键即可。液晶屏显示"L_o"标志，表示低限报警；液晶屏显示"H_i"标志，表示高限报警。

4. 标定状态

为保证仪器具有稳定的测量精度，仪器在使用过程中应定期进行标定。标定步骤如下。

（1）仪器处于正常测量状态，数据显示稳定，调整标准气瓶气体流量为200mL/min；保持气体流过传感器1min，使显示屏读数趋于稳定。

（2）待读数稳定后，持续按下"设置"键约3s，直到显示"Cab"后松开按键。

（3）继续使标准气体流过传感器，5s后显示屏显示闪烁的测量值。

（4）如果闪烁的测量值与标准气体浓度有差异，请按"🔔"键或"🔔"键，将测量值修正到标准气体浓度值，然后按"设置"键，显示屏显示"End"表示标定结束，2s后仪器自动返回正常测量状态，即可关闭标准气体。

『实验记录』

将特定场所测定的实验数据填入表 3-1 中。

表 3-1　可燃气体检测报警仪数据记录表

时间：　　　　　温度：　　　　　湿度：

编号	1	2	3	4
气体名称				
浓度				

『安全注意事项』

（1）防止气体检测仪从高处跌落或受剧烈震动。

（2）需在无腐蚀性气体、油盐、尘埃并防雨的场所使用；不要在无线电发射台附近使用或校准仪器。传感器和仪器内部要注意防水、防尘及金属杂质进入。

（3）勿使气体监测仪经常接触浓度高于检测范围以上的高浓度气体，并严禁碰撞和拆卸传感器，否则会缩短传感器工作寿命。严禁用本仪器测试超量程高浓度可燃性气体（例如打火机气体），以免造成传感器永久性损坏。

（4）应在清洁的环境下完成仪器的调整或充电。若仪器长时间无反应，请关闭电源重新启动。

（5）为保证测量精度，仪器应定期进行标定，标定周期不得超过一年。

（6）正常工作环境下检测，传感器工作寿命为两年以上。

『思考题』

（1）简述密闭空间可燃气体限制与测量方法。

（2）分析影响测定过程中出现误差的原因。

3.1.2　有毒气体检测报警实验

『实验目的』

（1）了解有毒有害气体来源、危险特性和电化学传感器等方面的知识。

（2）掌握有毒气体检测仪的使用方法。

（3）准确检测给定工作场所中有毒有害气体的浓度。

『实验仪器及原理』

实验所选 BX 系列气体检测报警仪型号为 BX-XX，BX 为"便携"拼音字头，XX 为公司内部产品序列编号。BX 系列气体检测报警仪根据待测气体配用相应的传感器。其中 BX-01 为 CO 气体检测报警仪，BX-04 为 H_2S 气体检测报警仪，BX-06 为 Cl_2 气体检测报警仪，BX-07 为 NH_3 气体检测报警仪，BX-08 为 SO_2 气体检测报警仪，BX-09 为 NO 气体检测报警仪，BX-10 为 NO_2 气体检测报警仪，均为采用电化学传感器的定电位电解式检测器。

定电位电解检测器属于电化学检测器类别，在有毒气体检测中应用最广泛。定电位电解式检测器检出限位低、灵敏度高，适合于检测 10^{-6} 级的无机有毒有害气体，不适合于检测可燃气体，能用其检测的主要气体有 CO、H_2S、NO、NO_2、H_2、Cl_2、NH_3、HCN 等。

本实验所选电化学传感器以扩散方式直接与环境中的被测气体反应，产生线性变化的电压信号。信号处理电路由以智能芯片为主的多块集成电路构成。传感器输出信号经滤波放大、模数转换、模型运算等处理，直接在液晶屏上显示被测气体的浓度值。所选仪器可设置二级报警，当气体浓度达到预置的报警值时，仪器将依据报警级别的不同，发出不同频率的声、光报警信号。仪器的工作指示灯每隔约 10s 闪烁一次，表示仪器工作正常。当电池电压下降到一定程度需要更换电池时，显示屏会出现欠压信号，提示操作者更换电池。

仪器主要技术参数如下：

工作环境：−5～+40℃   工作电流：≤1mA

相对湿度：10%～95%RH   报警电流：≤35mA

保存温度：−20～+50℃   外形尺寸：100mm×52mm×28mm

电源电压：≤3V   质量：200g

『实验步骤』

（1）电池的安装：取下电池仓盖上的螺钉，根据电池仓标识的正、负极性将电池装入电池仓卡簧内，重新合上电池仓盖，拧紧螺钉。新仪器安装电池后需放置 2h，以使系统稳定。

（2）仪器的调整：安装电池后，按"开关"键，仪器发出连续的"嘀嘀"声，显示动态的"8"字，即完成电路自检的初始化过程。传感器在极化过程中，蜂鸣器会发出鸣叫，操作者可按"消声"键终止鸣叫，节省电池电量。

（3）仪器零点调整步骤：仪器的零点调整可用标准空气瓶或在清洁的空气环境中进行。按一下"设置"键，液晶屏显示闪烁的"000"。再按一下"设置"键，显示"End"，表示仪器零点调整结束。如不操作任何键，5s 后仪器返回正常测量状态。

（4）为保证仪器具有稳定的测量精度，仪器在使用过程中应定期进行标定。仪器标定步骤如下：

1）仪器处于正常测量状态，数据显示稳定，调整标准气瓶气体流量为 200mL/min；保持气体流过传感器 90s，使显示屏读数趋于稳定。

2）待读数稳定后，持续按下"设置"键约 3s，直到显示"Cab"后松开按键。

3）继续使标准气体流过传感器，5s 后显示屏显示闪烁的测量值。

4）如果闪烁的测量值与标准气体浓度有差异，请按"▲"键或"▼"键，将测量值修正到标准气体浓度值，然后按"设置"键，显示屏显示"End"表示标定结束，即可关闭标准气体。2s 后仪器启动返回正常测量状态。

（5）仪器报警点的调整：调零结束后，按一下"设置"键，显示器闪烁显示的为一级报警值；再按一下"设置"键，显示器闪烁显示的为二级报警值。如需修改，操作者可在报警值闪烁显示状态下按"▲"键或"▼"键调整。设置结束，操作者按一下"设置"键，使设置的数值得到确认，仪器会自动返回正常测量状态。

（6）气体最大值的测量：仪器具有显示并保持最大值的功能，使用方法是在正常测量状态下，持续按"▼"键，液晶屏下方出现"MAX"标志时，即可显示此次开机后测量的最大值。若要返回正常测量状态，再持续按"▼"键，液晶屏下方"MAX"标志消失时，即返回正常测量状态。

『实验记录』

将特定场所测定的实验数据填入表 3-2 中。

表 3-2　有毒气体检测报警仪数据记录表

时间：　　　　　温度：　　　　　湿度：

气体名称					
浓度（max）					

『安全注意事项』

（1）不可超量程使用仪器，以免造成传感器永久性损坏。

（2）应在安全的环境下完成仪器的调整。

（3）不得在检测现场进行仪器维修或更换电池。不得在有潜在危险的环境（如毒气，易燃、易爆气体等）下安装电池。

（4）传感器和仪器内部要注意防水、防尘，及防止金属杂质进入。

（5）不要在无线电发射台附近使用或校准仪器。

（6）现场使用必须戴防静电皮手套。

（7）电器元件不得随意更换。

『思考题』

（1）有毒气体代表的是一类什么物质，来源有哪些？

（2）简述电化学式气体检测仪的工作原理。

（3）分析影响测定过程中出现误差的原因。

3.1.3　工作场所有机蒸气泄漏检测实验

『实验目的』

（1）掌握挥发性有机气体、光离子化等概念。

（2）学会挥发性有机气体检测仪的使用方法。

（3）准确检测给定环境中挥发性有机气体的浓度。

『实验仪器及原理』

光离子化气体分析仪 PID 是一个高度灵敏的宽范围检测器，可以看做一个"低浓度 LEL 检测器"，可以检测极低浓度（$0 \sim 1000 \times 10^{-6}$）的挥发性有机化合物和其他有毒气体。

本实验所选仪器 ToxiRAE 配置的光电离探测器，可以敏感地对多类挥发性有机污染物进行监测。空气样品进入 UV 灯前面的离子化腔（传感器），UV 灯将气体分子离子化，电子测量计测量被离子化的离子和电子在电场作用下形成的电流。单片机用来控制灯及警报蜂鸣、液晶显示、采样泵、电源和其他电子电路，通过测量到的电流量计算被测气体的浓度（图 3-1）。ToxiRAE 是一个可编程的专用 PID，可以用来对危险或工业环境中有毒有害的有机气体进行连续测量。它可以测量两类毒物：

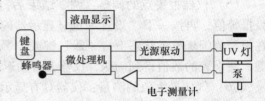

图 3-1　ToxiRAE 仪器的主要部件结构

（1）电离电位小于 10.6eV 的有机气体。

（2）电离电位小于 11.7eV（选购件）的有机化合物。

ToxiRAE 特别适合于石油化工、矿山、冶金、防化、消防、医学、危险品运输、城市地下管道作业等领域的安全监测。

『实验步骤』

1. 开/关电脑

（1）打开电源：按［MODE］键，仪器将发出一声鸣叫，显示"n..."然后是"Ver-n，nn"显示版本号，仪器进行自检程序，检查仪器的关键部件，显示"Diagnose"自检。在自检结束后红色背景灯亮，红色背景灯将闪亮一次、蜂鸣一次以保证功能正常。

（2）仪器开机后显示四个预置警报值、电池电压及可用数据存储空间。大约 20s 后，在显示屏显示出连续气体浓度值，仪器开始准备测量。

（3）关闭电源：按住并保持［MODE］键 5s，蜂鸣出现，直至显示"OFF..."；3s 后释放该键，屏幕变黑，表明仪器关闭。当仪器关闭时，所有的当前数据都将被去除。

2. 读数显示

短促按［MODE］键可选择不同的显示内容。仪器具有 8 位数字 LCD 显示，它可以显示出下面 8 种读数：即时气体浓度、TWA、STEL、峰值、电池电压、运行时间、提示检测警报信号和计算机通信。

即时读数：是气体以 ppm 为单位的当前浓度读数，该值每秒刷新一次，在 LCD 上显示"nn.nppm"。

TWA（时间加权平均值）：是指开机后 8h 内浓度的平均值。每分钟刷新一次读数，显示"TWAnn.n"。

STEL（短期暴露水平）：是最近 15min 内气体浓度的平均值，该读数每分钟刷新一次，显示"STELnn.nppm"。

峰值：是指开机后气体浓度的最大读数，每秒刷新一次，显示为"Peaknn.n"。

这 8 种读数是以循环方式安排的：即时读数→TWA→STEL→峰值测量→电池电压→运行时间→提示检测警报信号→计算机通信→即时读数。

可用［MODE］键选择读数，每按动一次即进入下一个读数。例如，按［MODE］键一次，显示 TWA 值；按［MODE］键两次，则显示 STEL 值，…。在所有模式下，在 1min 间隔内不按任何键时，仪器将自动恢复至连续测定状态。

3. 警告信号

仪器的内置微机不断地更新和监测当前的气体浓度值，并且将其同预置的警报限值（TWA，STEL，两个峰值）相比较，一旦气体浓度超限，仪器将立即发出声光警告。

不论何时，一旦电池电压低于 2.2V 或放电灯损坏或传感器损坏时，仪器都将发出声光警告。当出现电池警告时，操作者还有 20~30min 的使用时间；当电池电压低于 2.0V 时，仪器会自动关闭。

4. 校准

ToxiRAEPID 仪器是口袋式有机气体监测/采样器。不论何时，它都可以给出实时测量值，并在气体浓度超过预置限值时发出警告。在出厂之前，仪器已经预置了缺省警告限值，传感器也已用 100×10^{-6} 的异丁烯校正。充电完全后，仪器随时可以使用。

在实际应用中，如果仪器用于测定某一特定的挥发性有机化合物，则需用与被测物相同的气体标准物质进行校准，也可采用仪器厂家提供的校正系数。使用校正系数可能受到环境条件，比如温度和湿度的影响，尤其是湿度。在编程状态下，操作者可以重新校正仪器，需采用"零气体"和标准参考气进行两点校正。首先，用一个"零气体"（即不含可检测气体和蒸气的气体）来设定零点；然后，用一种已知浓度的标准气体（或称扩展气体）来标定另一点。

『实验记录』

将特定场所的实验数据填入表 3-3 中。

表 3-3　挥发性有机气体检测报警仪数据记录表

时间：		温度：		湿度：		
气体名称						
测定方法						
仪器测量值						
校正系数 CF						
浓度（peak）						
浓度（STEL）						

『思考题』

（1）挥发性有机物代表的是一类什么物质？来源有哪些？

（2）分析影响测定过程中出现误差的原因。

3.1.4　红外测温法测定密闭空间温度实验

『实验目的』

（1）了解红外测温的基本原理和方法。

（2）掌握红外测温仪的使用，并能正确测定给定密闭空间的温度。

『实验仪器及原理』

物体处于热力学温度零度以上时，因为其内部带电粒子的运动，物质能量以不同波长的电磁波的形式向外辐射，波长涉及紫外、可见与红外光区。物体的红外辐射量的大小和分布与它的表面温度有着十分密切的关系，通过物体自身红外辐射能量便能准确地确定其表面温度。这就是红外辐射测温所应用的原理。

红外辐射的本质是热辐射。热辐射包括紫外光、可见光辐射，但是波长 $0.76 \sim 40 \mu m$ 的红外辐射热效应最大。自然界中一切温度高于绝对零度的有生命和无生命的物体，时时刻刻都在不停地辐射红外线。辐射的量主要由物体的温度和材料本身的性质决定；热辐射的强度及光谱成分取决于辐射体的温度。黑体红外辐射的基本规律揭示的是黑体发射的红外热辐射与温度及波长的定量关系。黑体是一种理想物体，它们在相同的温度下都发出同样的电磁波谱，而与黑体的具体成分和形状等特性无关。斯特藩和玻耳兹曼通过实验和计算得出黑体辐射定律：

$$M_0(T) = \sigma T^4 \tag{3-1}$$

式中　$M_0(T)$——温度为 T 时，单位时间从黑体单位面积上辐射出的总辐射能，称为总辐射度；

σ——斯特藩-玻耳兹曼常量；

T——物体温度。

设被测物体的温度为 T 时，总辐射度 M 等于黑体在温度为 T_F 时的总辐射度 M_0，即：

$$M = M_0$$

$$\sigma T_F^4 = \varepsilon T^4$$

化简得

$$T = T_F \sqrt[4]{\frac{1}{\varepsilon}} \tag{3-2}$$

式中，ε 为发射率，不同物体的发射率不同，不同材料的 ε 值可通过查表或实验得到；T 为被测物体的辐射温度，所以已知被测物体的 ε 和 T_F，就可算出物体的真实温度 T。

红外测温仪由光学系统、光电探测器、信号放大器及信号处理、显示输出等部分组成。光学系统汇聚其视场内的目标红外辐射能量，视场的大小由测温仪的光学零件及其位置确定。红外能量聚焦在光电探测器上，探测器的关键部件是红外线传感器。它的任务是把光信号转化为电信号：该信号经过放大器和信号处理电路，并按照仪器内置的算法和目标发射率校正、环境温度补偿后转变为被测目标的温度值。除此之外，还应考虑目标和测温仪的环境条件，如温度、气压、污染和干扰等因素对其性能的影响和修正方法。红外测温仪的工作流程如图 3-2 所示。

图 3-2　红外测温仪工作流程

『**实验步骤**』

1. 操作测温仪

要测量温度，将测温仪对准目标并扣动扳机，其中可以使用激光指示器来帮助测温仪瞄准。另外还可以插入 K 型热电偶探头进行接触式测量，一定要考虑距离与光点直径比和视场（请参见"距离和光点直径"和"视场"）。温度读数显示在显示屏上。

注意：激光仅用于瞄准，与温度测量无关。测温仪具备自动关机功能，在 20s 无活动后会自动关闭。若需启动测温仪，扣动扳机即可。

2. 距离与光点直径

测温仪器所测区域的光点直径（d）随被测目标距离（l）的增大而增大。测温距离与光点直径之间的关系如图 3-3 所示。光点直径表示 90% 的能量圈。

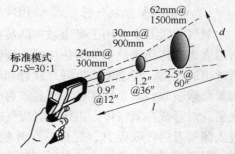

图 3-3　测温距离与光点直径之间的关系

3. 视场

为了获得准确的测量值，要确保被测目标大于测温仪的光点直径。目标越小，距离测温仪应越近，如图 3-4 所示。

4. 发射率 ε

发射率描述了材料辐射能量的特性。大多数有机材料和涂有油漆或氧化的表面具有

0.95 的发射率（在测温仪中预先设定），也可根
据测定材料自行设定发射率。测量光亮或抛光的
金属表面将导致读数不准确。解决方法是调整仪
器的发射率读数，或用遮盖胶带或黑色油漆盖住
测定表面（<148℃/300℉），让胶带或油漆有足
够时间达到与其覆盖材料相同的温度，然后测定
胶带或油漆的表面温度。

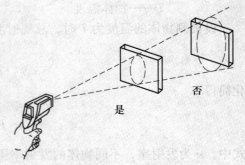

是　　　　否

图 3-4　目标与光点直径的关系

『实验记录』
将密闭空间测定的实验数据填入表 3-4 中。

表 3-4　红外测温仪测定密闭空间的温度数据记录表

时间：		测试地点：		温度：		湿度：	
编号							
密闭空间名称							
温度/℃							

『思考题』
（1）如何进行测温仪发射率的选择与设定？
（2）分析影响测定过程中出现误差的原因。

3.2　应急救援实验

3.2.1　矿山救护装备与自救器使用演练

『实验目的』
（1）掌握氧气呼吸器、自救器的使用方法。
（2）了解其他矿山救护设备。

『实验仪器』

1. AHG-4A 型氧气呼吸器和 PB4 型正压氧气呼吸器

氧气呼吸器主要用于矿山救护队员在从事救护工作和技术工作时，保护呼吸器官免受
有毒有害气体伤害的个体防护仪器。呼吸系统与外界空气隔绝，并可自动调节供氧。佩戴
者呼出的气体，经全面罩、呼气软管和呼气阀进入清净罐，清净罐中的吸收剂将气体中的
二氧化碳吸收，其余气体进入气囊。另外，气瓶中贮存的压缩氧气经高压管、减压器进入
气囊，混合成含氧气体。当佩戴者吸气时，含氧气体从气囊经吸气阀、吸气软管、全面罩
进入佩戴者的呼吸器官，完成一个呼吸循环。此过程中，由于呼气阀和吸气阀都是单向
阀，保证了呼吸气流始终单向循环流动。

2. AZL-60 型过滤式自救器和 AZH-40 型化学氧自救器

自救器是矿山发生灾害时，为防止有毒有害气体对人体的侵害，供矿工个人佩戴使用
的呼吸保护器。人吸气时，由肺吸气形成的负压，使呼气阀关闭，外界环境中一氧化碳首
先经过过滤器的滤尘层，清除粉尘和烟粒，再经过过滤器的干燥剂层，除去水气，干燥后

进入催化剂层，通过催化剂层的催化功能将空气中剧毒的一氧化碳氧化成无毒的二氧化碳。净化过的空气经吸气阀、口具吸入人体，完成吸氧过程。呼出的气体再经呼气阀排出。根据工作原理不同，自救器分为过滤式和隔离式两种类型，AZL-60 型自救器属于过滤式自救器，AZH-40 属于化学氧自救器。

3. ASZ-30 型自动苏生器

自动苏生器氧气瓶中的高压氧气经减压后到配气阀，根据伤员的不同需要，使用接在配气阀上的自动肺、自主呼吸阀或引射器。当伤员不能自主呼吸时，用自动肺向伤员肺部充气或抽气；伤员能自主呼吸时，可用自主呼吸阀吸氧；当伤员的呼吸道内有分泌物时，可用引射器将分泌物吸出。ASZ-30 型自动苏生器是一种自动进行正负压人工呼吸的急救装置，它能把含有氧气的新鲜空气自动地输入伤员的肺内，然后又能自动将肺内的气体抽出，并连续工作。该仪器适于抢救胸部外伤、中毒、溺水、触电等原因所造成的呼吸抑制或窒息的伤员。

『实验步骤』

1. AHG-4A 型氧气呼吸器的使用方法

（1）着装时用手从侧面拿住呼吸器，肩带位于两手臂外侧，双手伸直上举，将呼吸器从头顶转到背上，同时肩带也沿手臂滑于双肩上，然后系上呼吸器腰带。肩带长短与腰带的松紧调整适度，不影响呼吸。

（2）佩戴好后，首先打开氧气瓶，再开分路器开关，按手动补给按钮，向气囊内送氧，同时观察压力表指示的压力值。开氧气瓶开关时，先将开关把手拉出，反时针旋转把手直至阀门完全开启为止，然后再将把手退半周后推入呼吸器外壳内。

（3）将口具放入嘴中用牙咬住，两唇紧闭，自呼吸器内吸出空气，通过鼻子将空气呼出去。反复数次，确认各部件良好，工作正常后，再戴上鼻夹，扣上口具盒的小皮带。

（4）呼吸器使用后，必须及时清洗、检查，使其恢复到战斗准备状态。

（5）呼吸器所使用的氢氧化钙及氧气，必须按有关规定进行化验。严禁使用不合标准的氢氧化钙和氧气。用过的氢氧化钙不得再次使用。

（6）新出厂的呼吸器在正式使用前，必须进行清洗、消毒、装药，按规定项目进行性能检查，合格后方能使用。

救护队员佩戴使用呼吸器进行抢险救灾是一项十分复杂的工作，也是一项技术性很强的工作，要求佩戴人员必须受过专门训练，而且经考试合格后，才允许佩戴和使用。

2. AZL-60 型过滤式自救器的使用方法

（1）掀起保护罩和红色的开启扳手，拉断封印条，撕掉封口带，拔开外罐上部并扔掉。

（2）握住头带，把药罐从外罐下部中拨出，扔掉外罐下部。

（3）把口具塞进牙齿与嘴唇之间，并咬住牙垫，用两手轻轻夹上鼻夹，立即用口呼吸。

（4）取下矿帽，将头带套在头顶上，再戴上矿帽，开始撤离危险区。

3. AZH-40 型化学氧自救器的使用方法

（1）将自救器沿腰带转到右侧腹前，左手托底，右手下拉护罩胶片，使护罩挂钩脱离壳体扔掉，再用右手掰锁口带扳手至封印条断开后丢开锁口带。

（2）左手抓住下外壳，右手将上外壳用力拔下扔掉，将挎带组套在脖子上，并用力提起口具，靠拴在口具与启动环间的尼龙绳的张力将启动计拉出，此时气囊逐渐鼓起。

（3）立即拔掉口具塞并同时将口具放入口中，口具片置于唇齿之间，牙齿紧紧咬住牙垫，紧闭嘴唇。

（4）用两手轻轻夹上鼻夹，立即用口呼吸。

4. ASZ-30 型自动苏生器的使用方法

（1）安置伤员。将伤员置于新鲜空气处，解开紧身的上衣（如系湿衣须脱掉），适当覆盖，保持体温，肩部垫高 10~15cm，头尽量后仰，面部转向任一侧，以利呼吸道畅通。对溺水者应先使伤员俯卧，轻压背部，让水从气管和胃中倾出。

（2）清理口腔。将开口器由伤员嘴角处插入前臼齿间，将口启开，用拉舌器拉出舌头；用药布裹住食指，清除口腔中的分泌物和异物。

（3）清理喉腔。从鼻腔插入吸引管，打开气路，将吸引管往复移动，污物、黏液、水等异物则被吸至吸痰瓶。

（4）插口咽导气管。针对被救对象插入大小适宜的口咽导气管，以防舌后坠使呼吸道梗阻。插好后将舌送回，以防伤员痉挛，咬伤舌头。

（5）人工呼吸。将自动肺与导气管、面罩连接，打开气路，便听到"飒……"的气流声音，将面罩紧压在伤员面部，自动肺便自动地交替进行充气与抽气，自动肺上的标杆即有节律地上下跳动，如图 3-5 所示。与此同时，用手指轻压伤员喉头中部的环状软骨，借以闭塞食道，防止气体充入胃内，导致人工呼吸失败。

如果人工呼吸进行正常，则伤员胸部有明显起伏动作，此时可停止压喉，并用头带将面罩固定，如图 3-6 所示。

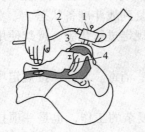
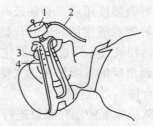

图 3-5　人工呼吸图　　　　　　　　图 3-6　自动肺头罩固定
1—自动肺；2—导气管；3—面罩；　　　　1—自动肺；2—导气管；
4—口咽导气管（压舌器）　　　　　　3—面罩；4—头带

（6）调节呼吸频率。调整减压器和配气阀旋钮，使呼吸频率达：成人 12~16 次/min，儿童 30 次/min。

（7）氧吸入。如果自动肺频繁出现无节律动作，则说明伤员自主呼吸已基本恢复，便可改用氧吸入。将呼吸阀与导气管、储气囊连接，打开气路后接在面罩上，调整气量，使储气囊不经常膨胀，亦不经常空瘪，如图 3-7 所示。氧吸入时，应取出口咽导气管，面罩松缚。

氧含量调节环一般应调在 80%，一氧化碳中毒伤员则应调在 100%。吸氧不要过早终止，以免伤员站起来后导致昏厥。

『实验注意事项』

1. AZL-60 型过滤式自救器使用注意事项

（1）当井下发现有火灾或瓦斯爆炸时，必须立即佩戴好自救器。不要等到看见烟雾再佩戴，因为一氧化碳已扩散在烟雾前面。

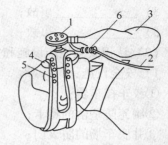

图 3-7 自主呼吸图
1—呼吸阀；2—导气管；3—储气囊；
4—面罩；5—头带；6—氧含量调节环

（2）当空气中一氧化碳浓度达到 0.5% 以上时，吸气过程中，佩戴者有干、热的不舒适感，这是自救器有效工作时的正常现象，必须一直佩戴到安全地带，方可取下自救器，切不可因干、热的感觉而取下。如果取下，只要呼吸一次，就有可能危及生命。

（3）佩戴自救器脱险时，不能猛跑，要匀速行走，保持呼吸均匀。

（4）佩戴自救器要求操作准确迅速，因此，使用者必须经过预先训练，并经考试合格方可配备。

2. AZH-40 型化学氧自救器使用注意事项

（1）自救器佩戴过程中壳体发热是正常现象。在尚未到达安全地点之前，切不可取下鼻夹和口具，以免窒息或中毒。

（2）行走不要惊慌，呼吸要均匀。途中感到吸气不足时，应放慢脚步。

3.2.2 矿井安全事故应急逃生

『实验目的』

（1）了解煤矿井下灾害及危害。

（2）了解应对煤矿井下灾害的正确做法。

（3）熟悉煤矿井下各种安全生产标志和设施。

（4）掌握煤矿井下事故应急逃生路线和正确逃生方法。

『实验仪器』

（1）视频播放器。

（2）安全标志。

（3）灭火器、沙箱、毛巾、安全帽、矿灯等。

『实验内容』

（1）观看煤矿井下生产事故的典型案例。

（2）认识煤矿井下安全生产设施和标志。

（3）体验井下生产环境。

（4）体验应急逃生路线。

（5）防护用品逃生用品正确操作使用。

（6）不同事故灾害应急逃生办法演练。

『实验过程』

（1）播放煤矿生产事故典型案例视频，学生观看并写出事故类别。

1）＿＿＿＿＿灾；　　　2）＿＿＿＿＿灾；

3）＿＿＿＿＿＿＿事故；　　4）＿＿＿＿＿＿事故；

5）＿＿＿＿＿＿＿事故；　　6）＿＿＿＿＿＿伤。

（2）认识安全生产设施和安全标志。

1）安全设施：

①绞车挡车器；

②罐笼防坠落的罐卡；

③井底车场的防火门；

④井下水泵房的防水门；

⑤井下避难硐室；

⑥机电硐室的防爆门；

⑦灭火器沙箱；

⑧防爆水棚水袋；

⑨风门风桥密闭栅栏。

2）安全标志：

①禁止标志："禁止吸烟"、"禁止酒后入井"、"禁止带烟火入井"、"禁止开启"、"禁止带电检修"；

②警告标志："当心落石"、"小心瓦斯"、"小心滑倒"；

③指令标志："必须戴安全帽"、"请戴防护口罩"；

④提示标志："安全出口"、"井下避难硐室"、"应急逃生出口"；

⑤指导标志："安全第一，讲究质量，追求效益"；

⑥补充解释标志。

（3）体验煤矿井下环境。学生进入模拟巷道，并记录感受到的煤矿井下环境：

1）＿＿＿＿＿＿；　　2）＿＿＿＿＿＿；

3）＿＿＿＿＿＿；　　4）＿＿＿＿＿＿；

5）＿＿＿＿＿＿；　　6）＿＿＿＿＿＿。

（4）应急逃生器材的使用：

1）灭火器、沙箱；

2）矿灯；

3）井下避难硐室。

（5）应急逃生正确逃生法。

1）井下火灾逃生法：火灾初期火势较小不要慌乱，要积极组织人员救火灭火，同时及时报警；火灾无法控制时，及时组织人员安全逃生，将毛巾用水淋湿，捂住口鼻，尽量弯腰，往上风口匍匐前进。

2）井下透水事故逃生法：被困人员要向地势较高的地方逃生。寻找地势较高的地方暂时躲避；如果水太大，则不要盲目乱动，应在高处坐下，尽量保存体力，切忌大喊大叫。要充分利用井下水源维持生命。

3）井下摔伤砸伤碰伤逃生法：有出血情况时，必须及时止血。可以用毛巾工作服止血，必要时用手按压；如果有骨折情况，不要轻易乱动，以免造成二次伤害。

注意：井下各种灾害应急逃生时，都必须重视自救和互救。

『思考题』

（1）煤矿井下灾害及危害有哪些？

（2）应对不同类型煤矿井下灾害的正确做法是什么？

（3）煤矿井下事故应急逃生路线和正确逃生方法是什么？

3.2.3 高级自动电脑心肺复苏模拟人实验

『实验目的』

（1）掌握现场急救人工呼吸方法。

（2）掌握急救心脏按压方法。

『实验仪器』

图 3-8~图 3-10 分别为心肺复苏模拟人实验仪器显示器正面示意图，人体按压强度、吹气量显示示意图与显示器背面示意图。

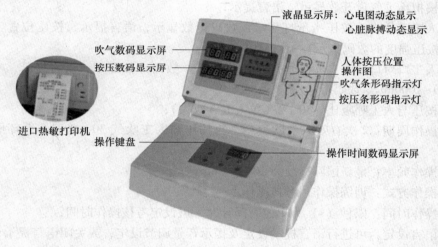

图 3-8　显示器正面示意图

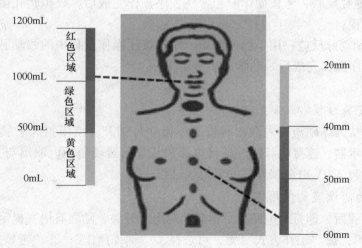

图 3-9　人体按压强度、吹气量显示示意图

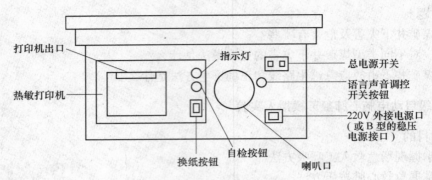

图 3-10 显示器背面示意图

该产品采用美国心脏学会（AHA）2005 国际心肺复苏（CPR）指南标准，功能特点如下：

（1）模拟标准气道开放显示，语言提示；

（2）人工手位胸外按压指示灯显示，数码记数显示，语言提示，按压位置（4~5cm 区域）与按压强度的数码指示；

（3）人工口对口呼吸（吹气）的指示灯显示、数码计数显示、语言提示，吹入的潮气量（500~1000mL）数码指示；

（4）按压与人工呼吸比：30∶2（单人或者双人）；

（5）操作周期：2 次有效人工吹气后，再按压与人工吹气 30∶2 五个循环周期 CPR 操作；

（6）操作频率：最新国际标准为 100 次/min；

（7）操作方式：训练操作，考核操作；

（8）操作时间：以秒（s）为单位时间计时，可设定考核操作时间；

（9）语言设定：可进行语言提示设定及提示音量调节设定，或关闭语言提示设定；

（10）成绩打印：操作结果可用热敏纸打印长条成绩单与短条成绩单；

（11）检查瞳孔反映：考核操作前和考核程序操作完成后，模拟瞳孔由散大到缩小的自动动态变化过程；

（12）检查颈动脉反应：用手触摸检查，模拟按压操作过程中的颈动脉的自动搏动反应，以及考核程序操作完成后颈动脉自动搏动反应。

『实验步骤』

1. 模拟人安装过程

先将模拟人从人体硬塑箱内取出，将复苏操作垫铺开。使模拟人平躺仰卧在操作垫上，另将电脑显示器、连接电源线、外接电源线从显示器硬塑箱内取出与人体进行连接，再将电脑显示器与 220V 电源接好，完成连线过程。

2. 操作前功能设定及使用方式

完成连线过程后，即打开电脑显示器后面总电源开关，随之有语言提示："欢迎使用，请选择工作方式"，按"工作方式"键，可选择①"训练操作"；②"考核操作"。

如选择"训练操作"，又有语言提示："请按开始键开始操作"，随后按"开始"键，在第一次吹气或胸外按压后，这时操作时间以秒为单位开始计时，训练时间最长为9分59秒。

如选择"考核操作"，又有语言提示："请选择工作时间"，按"▼▲"时间调节键设定考核时间；最后有语言提示："请按开始键开始操作"，随后按"开始"键；在两次正确吹气后，考核时间以秒为单位开始计时。超过设定的考核时间，系统自动停机，结束本次操作。

如果在进行操作过程中，无需语言提示或降低语言提示声音，可用电脑显示器背面的语言声音调控按钮调节音量或关闭音量。

3. 规范动作

（1）气道开放。

将模拟人平躺仰卧，操作时，操作人一只手两指捏鼻，另一只手伸入后颈或下巴将头托起往后仰，与水平面形成70°~90°角度。显示器上颈部气道开放的数码指示绿灯显示亮起，说明气道开放，便于人工吹气，气道通气（图3-11）。

图3-11　气道开放示意图

（2）正确、错误人工吹气功能提示。

首先进行人工口对口吹气（如实际现场抢救中一些病人口唇紧闭，上下牙齿紧咬，无法进行口对口吹气。可以采取口对鼻吹气。而模拟人的口是张开的，必须用手将模拟人的口封住再进行口对鼻吹气操作）。

1）正确人工吹气：吹入潮气量达到500~1000mL，显示器上正确吹气量的信息反馈由条形动态数码显示为由黄色区域到绿色区域，正确数码计数1次。

2）错误人工吹气：吹入潮气量大于1000mL，显示器上的吹气量过大的信息反馈由条形动态数码显示为由黄色区域至绿色区域再至红色区域，并有"吹气过大"的语言提示，吹气错误数码计数1次。

3）错误人工吹气：吹入潮气量不足500mL，显示器上的吹气量不足的信息反馈由条形动态数码显示为黄色区域，并有"吹气不足"的语言提示，吹气错误数码计数1次。

4）错误人工吹气：吹入的方式过快或吹入潮气量过大，吹入潮气量大于1200mL，造成气体进入胃部，显示器上的胃部的红色指示灯显示亮起，并有语言提示，吹气错误数码计数1次。

（3）正确、错误人工按压功能提示。

1）按压位置：首先找准胸部正确位置（两侧肋弓交点处）上方两横指即胸骨中下1/3交界处或胸部正中乳头连线水平为正确按压区，双手交叉叠在一起，手臂垂直于模拟人胸部按压区，进行胸外按压（可参考图3-12）。按压位置正确，显示器上的正确按压区域绿灯数码显示。按压位置错误，显示器上的错误按压区域黄灯数码显示，并有"按压位置错误"的语言提示，错误按压数码计数1次。

图3-12　按压位置示意图

2）按压强度：正确胸外按压深度为4~5cm，显示器上的正确按压强度信息反馈由条形动态数码显示为黄色区域至绿色区域，并有正确按压数码计数1次。错误按压强度，按压的深度小于4cm，显示器上的按压不足信息反馈由条形动态数码显示为黄色区域，并有"按压不足"的语言提示，错误按压数码计数1次。错误按压强度，按压的深度大于5cm，显示器上的按压过大信息反馈由条形动态数码显示为由黄色区域至绿色区域再至红色区域，并有"按压过大"的语言提示，错误按压数码计数1次。如果在一次胸外按压后，在胸壁还没有回复至原位而再次按压，将有"按压复位"的语言提示，错误按压数码计数1次。

『实验内容』

1. 训练练习

此项操作是让初学人员熟悉和掌握操作基本要领及各项步骤。学员要做好操作前的各项准备，设定好训练工作方式。按开始键启动后，首先进行气道开放，然后进行口对口吹气或胸外按压，都可以。操作正确或错误会有各类功能数码显示及语言提示。操作时间最长为9分59秒。如操作过程中需要中断操作，可按开始键终止或停止操作30s后，会自动终止训练操作。

2. 考核操作

此项操作是考核学员在熟练训练操作的基础上进行考试，学员必须按考试标准电脑操作程序进行。根据《2005国际心肺复苏（CPR）& 心血管急救（ECC）指南标准》的要求进行。单人考核与双人考核按最新标准的胸外按压与人工呼吸的比例一律为30∶2，操作频率为100次/min。操作周期为2次有效吹气，再正确按压与人工吹气5个循环CPR。

3. 考核标准操作程序

首先，设定好考核方式与考核时间的功能后，检查模拟人的瞳孔为散大状态，颈动脉没有搏动状态等情况下，将模拟人气道开放，人工口对口正确吹气2次（不含错误吹气次数在内）。

然后，显示器上的时间计时数码开始计时，马上按国际最新抢救标准比例30∶2的方式操作，必须按照操作频率100次/min的提示节拍音，进行正确胸外按压30次（不含错误按压次数在内），再正确人工呼吸口对口吹气2次（不含错误吹气次数在内），连续操作完成30∶2的五个循环标准步骤。

最后，在原先设定的考核时间内，显示器上的正确胸外按压次数显示为 150 次；正确人工呼吸次数显示为 12 次（含最先气道开放时，吹入的 2 次计数在内），即可成功完成单人考核或双人考核的操作程序过程。

如在设定时间内不能完成五个循环标准步骤，将有"急救失败"语言提示。按复位键重新开始考核操作。成功完成单人或双人操作过程后，自动奏响音乐，检查模拟人的瞳孔由操作前的散大状态自动缩小恢复正常；触摸颈动脉有节奏地自动搏动；查看所需操作时间，说明人被救所需时间。可按"打印"键打印出两种模式的短条与长条的考核操作成绩报告单，以供考核成绩评定及存档。

『实验注意事项』

（1）做口对口人工呼吸时，必须使用一次性 CPR 训练面膜，一人一片，以防交叉感染。

（2）操作者双手应清洁，女性请擦除口红及唇膏，以防弄脏面皮及胸皮，更不允许用圆珠笔或其他色笔涂划。

（3）按压操作时，一定按工作频率节奏按压，不能乱按，以免程序出现紊乱。如出现程序紊乱，立刻关掉电脑显示器总电源开关，重新开启，以防影响电脑显示器使用寿命。

『思考题』

（1）试述心肺复苏术的适用范围。

（2）如何进行心肺复苏术急救？

3.2.4 现场急救操作实验

『实验目的』

（1）了解需要进行呼吸急救的各种现场。

（2）掌握几种现场急救呼吸方法。

『实验内容』

1. 口对口人工呼吸法（又称吹气呼吸法）

这种方法大多用于抢救触电者。具体操作方法如下：

（1）把伤员抬到新鲜风流动的安全地点后，要以最快的速度和极短的时间检查伤员瞳孔有无对光反射，摸摸有无脉搏跳动，听听有无心跳。将棉絮放在受伤者的鼻孔处观察有无呼吸，按一下指甲有无血液循环，同时还要检查有无外伤和骨折。

（2）让伤员仰面平卧，头部尽量后仰，鼻朝天，解开腰带、领扣和衣服（必要时可用剪刀剪开，不可强撕强扯），并立即用保温毯盖好伤员。

（3）撬开伤员的嘴，清除口腔内的脏东西。如果舌头后缩，应拉出舌头，以防堵塞喉咙，妨碍呼吸。

（4）救护人员跪在伤员一侧，一手捏紧他的鼻子，一手撬开他的嘴，如图 3-13 所示。

（5）救护者深吸一口气，然后紧贴伤员的嘴，大口吹气。仔细观察伤员的胸部是否扩张，以确定吹气是否有效和适当，如图 3-14（a）所示。

（6）吹气完毕，立即离开伤员的嘴，并松开他的口鼻，让其自主呼气，如图 3-14（b）所示。

（7）照这样依次反复操作，并保持一定的节奏。每分钟均匀地做 14~16 次（约 5s 一

图 3-13　撬嘴示意图

(a)　　　　　　　　　　　　　　　(b)

图 3-14　吹气呼吸法

(a) 紧贴吹气；(b) 自主呼气

次)，直到伤员复苏，能够自主呼吸为止。

(8) 归纳本法的反复操作：捏鼻张嘴，贴紧吹气，反复进行，直到复苏。

2. 俯卧压背人工呼吸法

这种方法多用于抢救溺水者。具体操作方法如下。

(1) 先将伤员放到安全通风地点，进行详细检查。如有肋骨骨折，不能采用此法。

(2) 使伤员背部朝上，俯卧躺平，头偏向一侧，既不使他的鼻子和嘴贴在地上，又便于口鼻内的黏液流出。在他的腹部放一个枕垫，伤员两臂向前伸直。用衣服把他的头稍稍抬起 (或者一臂前伸，另一臂弯曲，使伤员的头枕在自己的臂上)，拉出他的舌头，清除口腔里的脏东西，防止堵塞喉咙，妨碍呼吸。

(3) 操作者骑跨在伤员身上，双膝跪在伤员的腿两旁，两手放在下背两边，拇指指向脊椎柱，其余四指指向背上方伸开，如图 3-15 (a) 所示。

(4) 操作者两手握住伤员的肋骨，身体向前倾，慢慢压迫其背部，以自身的重量压迫伤员的胸廓，使胸腔缩小，将肺部空气呼出，如图 3-15 (b) 所示。

(5) 操作者身体抬起，两手松开，回到原来姿势，使伤员的胸廓自然扩张，肺部松开，吸入空气，如图 3-15 (c) 所示。

(6) 这样反复进行，每分钟大约 14~16 次 (约 5s 一次)。直到伤员复苏，能够自主呼吸为止。

操作时应注意：两手不能压得太重，以免压断伤员的肋骨，动作要均匀而有规律。最好用自己的深呼吸做标准，呼气时压下去，吸气时松手抬身。

3. 仰卧举臂压胸人工呼吸法

仰卧举臂压胸人工呼吸法多用于有害气体中毒或窒息的人，以及有肋骨骨折的人。具

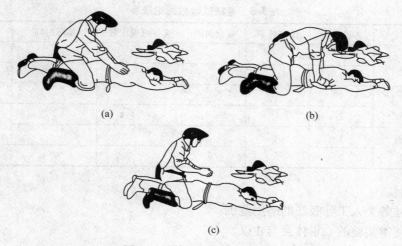

图 3-15　俯卧压背人工呼吸法
（a）准备压背；（b）压背排气；（c）松手放气

体操作方法如下。

（1）同口对口人工呼吸法一样，先详细检查伤员的受伤部位和受伤程度。

（2）使伤员仰卧，胸部向上躺平，头偏向一侧，上肢平放在身体两侧，腰背部垫一低枕或用衣服及其他物垫平，使伤员的胸部抬高，肺部张开。撬开伤员的嘴，拉出舌头，清除他口腔里的脏物。

（3）操作者跪在伤员头部的两边，面向他的头部，两手握住小臂。把伤员的手臂上举放平，2s 后再曲其两臂，用他自己的肘部在胸部压迫两肋约 2s，使伤员的胸廓受压后，把肺部的空气呼出来，如图 3-16（a）所示。

（4）把伤员的两臂向上拉直，使他的肺部张开，吸进空气，如图 3-16（b）所示。

（5）这样反复地均匀而有节律地进行，每分钟大约 14～16 次（约 5s 一次）。也可用操作者自己的深呼吸作标准，呼气时压胸，吸气时举臂，直到伤员复苏，能够自主呼吸为止。

由于接受这种人工呼吸法的伤员大多是肋骨有损伤的，所以压胸时注意压力不可太重，动作不可过猛。

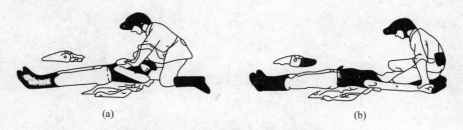

图 3-16　仰卧举臂压胸人工呼吸法
（a）屈臂压胸；（b）举臂吸气

『实验记录』

将人工呼吸操作的数据填入表 3-5。

表 3-5　考核试验数据记录表

试验项目	考核次数	设定频率	设定时间	实际呼吸次数	实际时间	抢救结果
吹气呼吸法	1					
	2					
俯卧压背 人工呼吸法	1					
	2					
仰卧举臂压胸 人工呼吸法	1					
	2					

『思考题』

（1）试述各类人工呼吸法的适用范围。

（2）简述本实验的心得体会与建议。

第4章 燃烧与爆炸实验

【本章学习要点】

通过燃烧与爆炸实验，了解燃烧与爆炸的机理和热分解过程，掌握燃烧与爆炸的基本概念和基本理论，培养相关的实验技能，为安全工程专业课程的学习打下基础。本章主要介绍材料阻燃性能实验和火灾爆炸实验。

4.1 材料阻燃性能实验

4.1.1 可燃固体氧指数测定实验

『实验目的』

了解材料氧指数测定的基本原理与方法。

『实验仪器』

HC-2 型氧指数测定仪由燃烧筒、试样夹、流量控制系统及点火器组成，见图 4-1。

『实验原理』

氧指数是通入 23℃±2℃ 的氮氧混合气体时，刚好维持材料燃烧所需要的氧浓度。物质燃烧时，需要消耗大量的氧气，不同的可燃物，燃烧时需要消耗的氧气量不同，通过对物质燃烧过程中消耗最低氧气量的测定，计算出物质的氧指数值，可以评价物质的燃烧性能。所谓氧指数，是指在规定的试验条件下，试样在氧氮混合气流中，维持平稳燃烧即进行有焰燃烧所需的最低氧气浓度，以氧所占的体积百分数的数值表示（即在该物质引燃后，能保持燃烧 50mm 长或燃烧时间 3min 时所需要的氧氮混合气体中最低氧的体积百分比浓度）。此数据作为判断材料在空气中与火焰接触时燃烧的难易程度标准非常有效。一般认为，OI<27 的属易燃材料，27≤OI<32 的属可燃材料，OI≥32 的属难燃材料。HC-2 型氧指数测定仪，就是用来测定物质燃烧过程中所需氧的体积百分比。该仪器适用于塑料、橡胶、纤维、泡沫塑料及各种固体的燃烧性能的测试，准确性、重复性好，因此被世界各国普遍采用。

『实验步骤』

（1）检查气路，确定各部分连接无误，无漏气现象。

（2）确定实验开始时的氧浓度。根据经验或试样在空气中点燃的情况，估计开始实验时的氧浓度。如试样在空气中迅速燃烧，则开始实验时的氧浓度为18%左右；如在空气中缓慢燃烧或时断时续，则为21%左右；在空气中离开点火源即马上熄灭，则至少为25%。根据经验，确定地板革氧指数测定实验初始氧浓度为26%。氧浓度确定后，在混合气体的

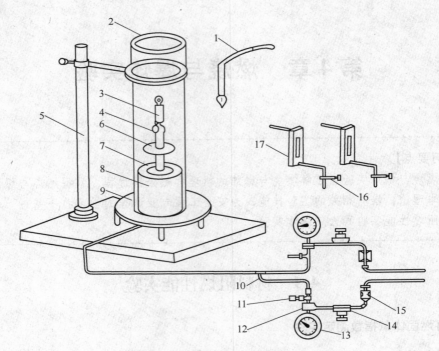

图4-1　氧指数测定仪示意图

1—点火器；2—玻璃燃烧筒；3—燃烧着的试样；4—试样夹；5—燃烧筒支架；6—金属网；7—测温装置；
8—装有玻璃珠的支座；9—基座架；10—气体预混合结点；11—截止阀；12—接头；13—压力表；
14—精密压力控制器；15—过滤器；16—针阀；17—气体流量计

总流量为 10L/min 的条件下，便可确定氧气、氮气的流量。例如，若氧浓度为 26%，则氧气、氮气的流量分别为 2.5L/min 和 7.5L/min。

（3）安装试样。将试样夹在夹具上，垂直地安装在燃烧筒的中心位置上（注意要划 50mm 标线），保证试样顶端低于燃烧筒顶端至少 100mm，罩上燃烧筒（注意燃烧筒要轻拿轻放）。

（4）通气并调节流量。开启氧、氮气钢瓶阀门，调节减压阀压力为 0.2~0.3MPa（由教师完成），然后开启氮气和氧气管道阀门（在仪器后面标注有红线的管路为氧气，另一路则为氮气。应注意：先开氮气，后开氧气，且阀门不宜开得过大），再调节稳压阀，仪器压力表指示压力为 0.1±0.01MPa，并保持该压力（禁止使用过高气压）。调节流量调节阀，通过转子流量计读取数据（应读取浮子上沿所对应的刻度），得到稳定流速的氧、氮气流。检查仪器压力表指针是否在 0.1MPa，否则应调节到规定压力，O_2+N_2 压力表不大于 0.03MPa 或不显示压力为正常。若不正常，应检查燃烧柱内是否有结炭、气路堵塞现象；若有此现象，应及时排除，使其恢复到符合要求为止。应注意：在调节氧气、氮气浓度后，必须用调节好流量的氧氮混合气流冲洗燃烧筒至少 30s（排出燃烧筒内的空气）。

（5）点燃试样。用点火器从试样的顶部中间点燃（点火器火焰长度为 1~2cm），勿使火焰碰到试样的棱边和侧表面。在确认试样顶端全部着火后，立即移去点火器，开始计时或观察试样烧掉的长度。点燃试样时，火焰作用的时间最长为 30s。若在 30s 内不能点燃，则应增大氧浓度，继续点燃，直至 30s 内能点燃为止。

（6）确定临界氧浓度的大致范围。点燃试样后，立即开始计时，观察试样的燃烧长度及燃烧行为。若燃烧终止，但在 1s 内又自发再燃，则继续观察和计时。如果试样的燃烧时间超过 3min，或燃烧长度超过 50mm（满足其中之一），说明氧的浓度太高，必须降低，此时记录实验现象记"×"；如试样燃烧在 3min 和 50mm 之前熄灭，说明氧的浓度太低，需提高氧浓度，此时记录实验现象记"○"。如此在氧的体积百分浓度的整数位上寻找这样相邻的四个点，要求这四个点处的燃烧现象为"○○××"。例如若氧浓度为 26% 时，烧过 50mm 的刻度线，则氧过量，记为"×"；下一步调低氧浓度，在 25% 做第二次，判断是否为氧过量，直到找到相邻的四个点为氧不足、氧不足、氧过量、氧过量。此范围即为所确定的临界氧浓度的大致范围。

（7）在上述测试范围内，缩小步长，从低到高，氧浓度每升高 0.4% 重复一次以上测试，观察现象，并记录。

（8）根据上述测试结果确定氧指数 OI。

『实验记录』

实验数据记入表 4-1。

表 4-1　实验数据记录表

实验次数	1	2	3	4	5	6	7	8	9	10
氧浓度/%										
氮浓度/%										
燃烧时间/s										
燃烧长度/mm										
燃烧结果										

说明：第二、三行记录的分别是氧气和氮气的体积百分比浓度（需将流量计读出的流量计算为体积百分比浓度后再填入）。第四、五行记录的燃烧长度和时间分别为：若氧过量（即烧过 50mm 的标线），则记录烧到 50mm 所用的时间；若氧不足，则记录实际熄灭的时间和实际烧掉的长度。第六行的结果即判断氧是否过量，氧过量记"×"，氧不足记"○"。

根据上述实验数据计算试样的氧指数值 OI，即取氧不足的最大氧浓度值和氧过量的最小氧浓度值两组数据计算平均值。

『实验注意事项』

（1）试样制作要精细、准确，表面平整、光滑。

（2）氧氮气流量调节要得当，压力表指示处于正常位置，禁止使用过高气压，以防损坏设备。

（3）流量计、玻璃筒为易碎品，实验中谨防打碎。

『思考题』

（1）什么是氧指数值，如何用氧指数值评价材料的燃烧性能？

（2）HC-2 型氧指数测定仪适用于哪些材料性能的测定，如何提高实验数据的测试精度？

4.1.2　水平燃烧和垂直燃烧实验

『实验目的』

（1）了解水平垂直燃烧测定仪的基本工作原理。

（2）通过实验，掌握垂直、水平测定仪的使用方法。

（3）了解对水平和垂直方向放置的试样用小火焰点燃后的试样的燃烧性能。

『实验仪器』

CZF-3 型水平垂直燃烧测定仪。

『实验原理』

水平或垂直地夹住试样一端，对试样自由端施加规定的气体火焰，通过测量先行燃烧速度（水平法）或有焰燃烧及无焰燃烧时间（垂直法）等来评价试样的燃烧性能。

有焰燃烧：在规定的试验条件下，移开点火源后，材料火焰持续地燃烧。

有焰燃烧时间：在规定的试验条件下，移开点火源后，材料火焰持续燃烧的时间。

无焰燃烧：在规定的试验条件下，移开点火源后，当有焰燃烧终止或无焰产生时，材料保持辉光的燃烧。

无焰燃烧时间：在规定的试验条件下，当有焰燃烧终止或移开点火源后，材料持续无焰燃烧的时间。

『实验内容』

在实验室内对水平和垂直方向放置的试样用小火焰火源点燃后，测定试样的燃烧速度、有焰燃烧时间和无焰燃烧时间。

『实验步骤』

1. 试样制作

（1）适用于固体材料和表观密度不低于 $250kg/m^3$ 的泡沫材料，而不适用于接触火焰后没有点燃就强烈收缩材料。

（2）试样尺寸和数量见表 4-2。

表 4-2　试样尺寸和数量表

尺寸方法	长	宽	高	每组（数量）
	mm			
水平法	125±5	13.0±0.3	3.0±0.2	3 根
垂直法	125±5	13.0±0.3	3.0±0.2	5 根

（3）试样表面应清洁、平整、光滑，没有影响燃烧行为的缺陷，如气泡、裂纹、飞边和毛刺等。

2. 水平法

试验开始前，先将施焰时间设置为 30s。

（1）在试样一端 25mm 和 100mm 处，垂直于长轴划两条标线；在 25mm 标记的另一终端，使试样与纵轴平行，与横轴倾斜 45°位置夹住试样。

（2）在试样下部约 300mm 处放一个滴落盘。逆时针打开仪器面板上的"燃气开关"，用点火器点燃本生灯。

（3）调节"燃气开关"点着本生灯并调节本生灯下端的滚花螺母，使灯管在垂直位置时，产生 20mm 高的蓝色火焰。将本生灯倾斜 45°。

（4）开电源按"返回"，使本生灯退回到最左侧。

（5）按"启动"将本生灯移至试样一端，对试样施加火焰。施焰时间结束，本生灯自动退回。停止施焰后，若试样继续燃烧（包括有焰燃烧或无焰燃烧），则应记录燃烧前沿从 25mm 标线到燃烧终止时的燃烧时间 t（单位 s），并记录从 25mm 标线到燃烧终止端的烧损长度 l（单位 mm）。

注意：如果燃烧前沿越过 100mm 标线，则记录从 25mm 标线至 100mm 标线间燃烧所需时间 t，此时烧损长度为 75mm。

如果移开点火源后，火焰即灭或燃烧前沿未达到 25mm 标线，则不计燃烧时间、烧损长度和线性燃烧速度。操作者应记录实际燃烧长度，按下面公式计算燃烧速度

$$lv = 60/t \qquad\qquad (4-1)$$

式中，v 为线形燃烧速度，mm/min；l 为烧损长度，mm；t 为烧损 l 长度所用的时间，s。

分级标志：材料的燃烧性能，按点燃后的燃烧行为，可分为下列四级（符号 FH 表示水平燃烧）：

FH-1：移开点火源后，火焰即灭或燃烧前沿未达到 25mm 标线。

FH-2：移动点火源后，燃烧前沿越过 25mm 标线，但未达到 100mm 标线。在 FH-2 级中，烧损长度应写进分级标志，如 FH-2-70mm。

FH-3：移开点火源后，燃烧前沿越过 100mm 标线，对于厚度在 3~13mm 的试样，其燃烧速度不大于 40mm/min；对于厚度小于 3mm 的试样，燃烧速度不大于 75mm/min。在 FH-3 级中，线性燃烧速度应写进分级标志，如 FH-3-30mm/min。

FH-4：除线性燃烧速度大于规定值外，其余与 FH-3 级相同。其燃烧速度也应写进分级标志，如 FH-4-60mm/min。

3. 垂直法

试验开始前，先将施焰时间设置为 10s。

（1）由横向调节手柄调整，使试样与本生灯对齐，经过纵向调节手柄旋动调整，使试样底端与上端保持 10mm 的高度。用标配标尺标定本生灯与试样的位置，保证 10mm 的距离。

（2）点着本生灯并调节，使之产生 20mm±2mm 高的蓝色火焰。

（3）开电源→"返回"

（4）做垂直试验时，需要无焰时间，可按"水平/垂直"键打开无焰时间的显示器。

（5）按"启动"将本生灯移至试样下端，对试样施加火焰。当施焰时间结束（10s）后，本生灯自动退回，"有焰时间"开始计时。

（6）当有焰燃烧结束时，按"有焰计时"，用笔记录下有焰时间。再次按"启动"对试样施加火焰，当施焰时间结束（10s）后，本生灯自动退回，"有焰时间"开始计时。

（7）当有焰燃烧结束时，按"有焰计时"，有焰时间停止计时，同时"无焰时间"开始计时。

（8）当无焰燃烧结束至阴燃时，按"无焰计时"，无焰计时停止。记录下有焰时间及无焰时间。

（9）重复本节（5）~（8）各步骤，直至一组实验结束。

（10）在实验的过程中，若有滴落物引燃脱脂棉的现象（脱脂棉需客户在试验前自备），按"返回"，该试样停止试验。

（11）在施焰时间内，若出现火焰蔓延至夹具的现象，按"返回"结束此试样的试验。

（12）试验结果按下式计算：时间 t_f，以秒为单位：

$$t_f = \sum (t_{1i} + t_{2i}) \tag{4-2}$$

式中　t_{1i}——第 i 根试样第一次有焰燃烧时间，s；

　　　t_{2i}——第 i 根试样第二次有焰燃烧时间，s；

　　　i——试验次数，$i = 1$~5。

（13）结果的评定：

试验结果按表 4-3 规定，将材料的燃烧性能归为 94V-0、94V-1 和 94V-2 三个级别。

表 4-3　燃烧性能分级表

条　件	级　别			
	94V-0	94V-1	94V-2	Δ
每根试样的有焰燃烧时间（t_1+t_2）	≤10	≤30	≤30	>30
对于任何状态调节条件，每组五根试样有焰燃烧时间总和 t_f	≤50	≤250	≤250	>250
每根试样第二次施焰后的有焰加上无焰燃烧时间（t_2+t_3）	≤30	≤60	≤60	>60
每根试样有焰燃烧或无焰燃烧蔓延到夹具的现象	无	无	无	有
滴落物引燃脱脂棉现象	无	无	有	有或无

注：Δ表示该材料不能用垂直法分级，应采用水平法对其燃烧性能分级。

『实验记录』

将实验数据填入表 4-4 和表 4-5。

表 4-4　水平燃烧实验记录表

试样类型	线形燃烧速度 /mm·min^{-1}	烧损长度/mm	烧损 l 长度所用的时间/s	燃烧分级

表 4-5　垂直燃烧实验记录表

试样类型	每根试样的有焰燃烧时间（t_1+t_2）	每组五根试样有焰燃烧时间总和 t_f	每根试样第二次施焰后的有焰加上无焰燃烧时间（t_2+t_3）	燃烧分级

『实验注意事项』

（1）仪器及燃气瓶存放处要严禁烟火，杜绝火种，及时熄灭实验后仍在阴燃的试样。应设置二氧化碳等灭火器材。

（2）在开机前，须认真检查燃气管路，严禁燃气泄漏。

（3）操作人员应具备防护服、防护手套，以免手被刺伤或烫伤。

（4）工作间应装有排气风扇，以备实验后立即排除有害气体，更换新鲜空气。

（5）实验结束，应先关闭燃气源，待管内燃气燃尽后，再关闭电源。

（6）若燃气报警器响个不停，检查是否有漏气现象。

（7）燃气报警器报警后，应立即关闭电源和气源，排除故障后再重新开机。

（8）仪器务必具有良好接地线。

『思考题』

（1）水平垂直燃烧实验的结果是否有判定标准？

（2）水平垂直燃烧测试仪是模拟电子电工产品周围环境发生着火的早期情况，用于模拟技术评定着火危险性，具体是怎么评定的？

4.1.3 塑料烟密度实验

『实验目的』

（1）了解建材烟密度测试原理。

（2）掌握运用 JCY-2 型建材烟密度测试仪测定常见塑料材料烟密度的基本方法。

（3）评价常见塑料的燃烧性能。

『实验仪器』

设备：JCY-2 型建材烟密度测试仪、煤气瓶（充有液化石油气）。测试材料：塑料、橡胶、纤维、泡沫塑料、硬纸板、木板。

试样尺寸：每个试样长宽厚等于 25mm×25mm×6mm，也可以是其他尺寸。

『实验原理』

材料在烟箱中燃烧产生烟气，烟气中固体尘埃对通过烟箱的光反射，造成光通量的损失。通过测量光通量的变化来评价烟密度大小，从而确定在燃烧和分解条件下建筑材料可能释放烟的程度。

『实验步骤』

（1）接通电源、气源及相应的连接线，打开仪器上的电源开关和背灯开关，燃烧箱内有光束通过，预热 15min。

（2）打开计算机中的"烟密度"应用程序，点击"校准"；点击"插入遮光片"，插入后再点击；点击"移出遮光片"，移出后再点击；点击"插入滤光片"，插入后再点击；微调"满度"校准。分别用三块标准滤光片进行挡光束试验，其"光通量"数值显值分别与标准滤光片的标定透光率值之差（三次差值的平均值应小于3%）。关闭仪器左上角的排风扇开关。

（3）打开燃烧箱门，把试样放入试样架框内，其位置应处于本生灯转入工作状态时燃烧火焰对准试样下表面中心。

（4）打开燃气阀门和仪器上的"燃气开关"，用明火或点火枪点着本生灯，调节"燃气调节"使仪器上压力表指示 210kPa。

（5）点击"试验Ⅰ"，进行第一个试样的实验。

（6）每次实验结束后，应立即打开烟箱门，启动排风机排除烟箱内的残烟，同时用镜头纸清洁箱内的两个玻璃圆窗。

（7）一组实验的数据未采集前，不得按复位键。

（8）依次进行"试验Ⅱ"、"试验Ⅲ"。

『实验记录』

分别记录包括样品出现火焰的时间，火焰熄灭时间，样品烧尽的时间，安全出口标志由于烟气累积而变模糊的时间，一般的和不寻常的燃烧特性，如熔化、滴落、起泡、成炭。

『实验注意事项』

（1）实验完毕后关闭燃气，关闭电源及光源。

（2）待试样燃烧完全结束或人工将火焰熄灭，确保无安全隐患后，将试样从实验装置中取出。测试全部结束后，应清洁烟箱。

『思考题』

（1）如何用烟密度评价材料的燃烧性能？

（2）以测试样品为例，说明材料烟密度的影响因素？

4.1.4 防火涂料防火性能测定（小室法）

『实验目的』

（1）明确防火涂料的阻燃机理。

（2）了解小室法防火涂料测定仪的结构和工作原理。

（3）掌握运用小室法防火涂料测定仪测定不同种类涂料阻火性能的基本方法。

（4）能够运用小室法防火测定仪评价不同种类防火涂料阻火性能的优劣。

『实验仪器』

XSF-1 型防火涂料测试仪（小室法）主要技术参数：

（1）材料为五层胶合板制成，其尺寸为 $300 \times 150 \times (5 \pm 0.2)$ mm，试件表面应平整光滑，无节疤、拼缝或其他缺陷。

（2）用粗砂纸打磨表层后，刷去木屑，试件表面清洁后涂覆涂料。

（3）试件在涂覆防火涂料之后，应在规定的温度 (50 ± 2)℃、相对湿度 $50 \pm 5\%$ 的条件下，状态调节至质量恒定。相隔 24h，前后两次称量变化不大于 0.5%。

（4）按 $250 g/m^2$（不包括封边）的涂覆比值，将要测试的防火涂料均匀地涂覆于试板一表面，若需要分次涂覆时，两次之间应相隔不得小于 24h。

（5）涂覆放置 24h 后再封边，待封边干燥后放入烘箱，40℃下干燥 2h。

（6）每组试验应制备 3~10 个试件。本生灯内径（20 ± 1）mm。

『实验原理』

1. 防火涂料的防火机理

防火涂料的防火机理大致可归纳为以下五点：

（1）防火涂料本身具有难燃性或不燃性，使被保护基材不直接与空气接触，延迟物体着火和减少燃烧的速度。

（2）防火涂料除本身具有难燃性或不燃性外，它还具有较低的导热系数，可以延迟火焰温度向被保护基材的传递。

（3）防火涂料受热分解出不燃惰性气体，冲淡被保护物体受热分解出的可燃性气体，使之不易燃烧或燃烧速度减慢。

（4）含氮的防火涂料受热分解出 NO、NH_3 等基团，与有机游离基化合，中断连锁反应，降低温度。

（5）膨胀型防火涂料受热膨胀发泡，形成碳质泡沫隔热层封闭被保护的物体，延迟热量与基材的传递，阻止物体着火燃烧或因温度升高而造成的强度下降。

2. 实验仪器原理

XSF-1 型防火涂料测试仪（小室法）适用于在实验室条件下测试涂覆于可燃基材表面防火涂料的阻火性能。以燃烧质量损失、炭化体积来评定防火涂料的优劣。该仪器是按照国家标准 GB/T15442.4—1995 提供的技术条件而研制的。

『实验步骤』

（1）将经过状态调节的试件取出，冷至室温，称量 W_1，准确称量至 0.1g；

（2）打开仪器箱门，将称过的试件放置在倾斜的支架上，涂覆面向下；

（3）将燃料杯放置在基座木条上，使杯沿到试件受火面的最近垂直距离为 25mm；

（4）用移液管量取 5mL 化学纯无水乙醇注入燃料杯，点火、关门，实验持续到火焰自熄为止。

（5）每组重复 3~5 个试件。

『实验记录』

（1）涂料型号或编号见表 4-6。

表 4-6　涂料编号记录表

基材材质	基材尺寸	涂覆层数	试件个数	涂覆比值/$g \cdot m^{-2}$

（2）实验数据记录见表 4-7。

表 4-7　实验数据记录表

试件编号	基材质量 W_0/g	涂覆涂料后质量 W_1/g	燃烧后试件质量 W_2/g	质量损失 /g	炭化长度 /cm	炭化宽度 /cm	炭化深度 /cm	炭化体积 /cm³
1								
2								
3								
4								
5								
平均值	质量损失平均值=				炭化体积平均值=			

『实验注意事项』

（1）质量损失。将燃烧过的试件取出冷至室温，准确称量 W_2 至 0.1g，一组试件燃烧前后的平均质量损失，取其小数点后一位数，即为防火涂料试件的质量损失。

（2）炭化体积。用锯子将烧过的试件沿着火焰燃烧的最大长度、最大宽度线，锯成 4 块，量出纵向、横向切口涂膜下面基材炭化明显变黑的长度和宽度，再量出最大炭化深度，取其平均炭化体积的整数，即为防火涂料试件的炭化体积（cm³）。

（3）若试件标准偏差大于其平均质量损失（或平均炭化体积）的 10%，则需加做 5 个试件，其质量损失应以 10 个试件的平均值计算。

『思考题』

总结各级防火涂料适用场合。

4.1.5　燃烧热的测定

『实验目的』

（1）明确燃烧热的定义。

（2）通过蔗糖燃烧热的测量，了解氧弹式量热计中主要部件的作用，掌握量热计的使用技术。

（3）学会雷诺图解法。

（4）掌握高压钢瓶的有关知识并能正确使用。

『实验仪器』

氧弹式量热计 1 套；氧气钢瓶（带氧气表）1 个；台秤 1 个；电子天平 1 台（0.0001g）；苯甲酸（A.R.）；蔗糖（A.R.）；燃烧丝。

『实验原理』

燃烧热是指 1mol 物质完全燃烧时的热效应，是热化学中重要的基本数据。通过盖斯定律可用燃烧热数据间接求算，因此，燃烧热广泛地用在各种热化学计算中。许多物质的燃烧热和反应热已经精确测定，可查阅相关文献。

燃烧热可在恒容或恒压情况下测定。由热力学第一定律可知，在不做非膨胀功情况下，恒容反应热 $Q_V=\delta U$，恒压反应热 $Q_p=\delta H$。在氧弹式量热计中所测燃烧热为 Q_V，而一般热化学计算用的值为 Q_p，这两者可通过下式进行换算：

$$Q_p=Q_V+\delta nRT \tag{4-3}$$

式中，δn 为反应前后生成物与反应物中气体的摩尔数之差；R 为摩尔气体常数；T 为反应温度，K。

在盛有定量水的容器中，放入内装有一定量样品和氧气的密闭氧弹，然后使样品完全燃烧，放出的热量通过氧弹传给水及仪器，引起温度升高。氧弹量热计的基本原理是能量守恒定律。测量介质在燃烧前后温度的变化值，则恒容燃烧热为：

$$Q_V=W\cdot(t_{终}-t_{始}) \tag{4-4}$$

式中，W 为样品等物质燃烧放热使水及仪器每升高 1℃所需的热量，称为水当量。

水当量的求法是用已知燃烧热的物质（如本实验用苯甲酸）放在量热计中燃烧，测定其始、终态温度。一般来说，对不同样品，只要每次的水量相同，水当量就是定值。

　　热化学实验常用的量热计有环境恒温式量热计和绝热式量热计两种。本实验使用环境恒温式量热计，其构造如图4-2所示。

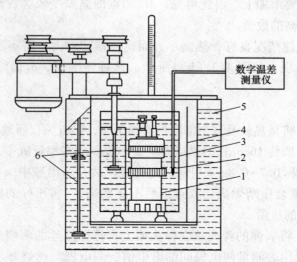

图4-2　环境恒温式量热计

1—氧弹；2—温度传感器；3—内筒；4—空气隔层；5—外筒；6—搅拌

　　由图4-2可知，环境恒温式量热计的最外层是储满水的外筒，当氧弹中的样品开始燃烧时，内筒与外筒之间有少许热交换，因此不能直接测出初温和最高温度，需要由温度-时间曲线（即雷诺曲线）确定，详细步骤如下：

　　将样品燃烧前后历次观察的水温对时间作图，联成 FHIDG 折线，如图4-3（a）所示。图中 H 相当于开始燃烧之点，D 为观察到的最高温度读数点，作相当于环境温度之平行线 JI 交折线于 I，过 I 点作 ab 垂线，然后将 FH 线和 GD 线外延交 ab 线 A、C 两点，A、C 线段所代表的温度差即为所求的 δT。图中 AA′ 为开始燃烧到温度上升至环境温度这一段时间

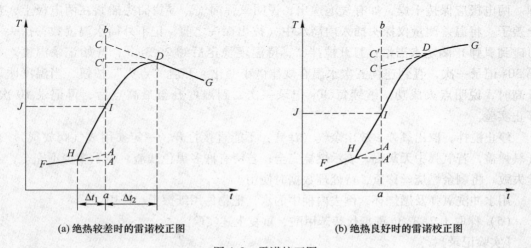

(a) 绝热较差时的雷诺校正图　　　　　　　　　(b) 绝热良好时的雷诺校正图

图4-3　雷诺校正图

Δt_1 内，由环境辐射进来和搅拌引进的能量而造成体系温度的升高值，故必须扣除；CC' 为温度由环境温度升高到最高点 D 这一段时间 Δt_2 内，体系向环境辐射出能量而造成体系温度的降低，因此需要添加上。由此可见，AC 两点的温差是较客观地表示了由于样品燃烧致使量热计温度升高的数值。

有时量热计的绝热情况良好，热漏小，而搅拌器功率大，需不断稍微引进能量使得燃烧后的最高点不出现，如图 4-3（b）所示。这种情况下，δ_T 仍然可以按照同样方法校正。

『实验步骤』

（1）仪器预热。将量热计及其全部附件清理干净，将有关仪器通电预热。

（2）样品压片。取约 16cm 长的燃烧丝绕成小线圈放在称量纸中，用万分之一天平称重。在电子台秤上粗称 $0.7\sim0.8$g 苯甲酸，把燃烧丝放在苯甲酸中，在压片机中压成片状（不能压得太紧，太紧会压断燃烧丝或点火后不能燃烧）。将压好的样品放在称量纸中称量，从而可得到样品的重量。

（3）氧弹充氧。将氧弹的弹头放在弹头架上，把燃烧丝的两端分别紧绕在氧弹头上的两根电极上；用万用表测量两电极间的电阻值，两电极与燃烧杯不能相碰或短路。把弹头放在弹杯中，用手将其拧紧，再用万用表检查两电极之间的电阻，若变化不大，则充氧。

使用高压钢瓶时必须严格遵守操作规则，违规操作可能会造成危险。充氧时，将减压阀气压调至 1.5MPa。开始先充约 0.5MPa 氧气，然后开启出口，借以赶出氧弹中的空气。再充入 1.5MPa 氧气。充好氧气后，用万用表检查两电极间电阻，变化不大时，将氧弹放入内桶。

（4）调节水温。将 ZT-2TC 精密温度温差仪探头放入外筒水中，测量环境温度。

准备 2500mL 以上自来水，将温差测量仪探头放入水中，调节水温约低于外筒水温 1℃。用容量瓶量取一定体积（视内筒容积而定）已调温的水注入内筒，水面盖过氧弹。两电极应保持干燥，如有气泡逸出，说明氧弹漏气，寻找插头插紧在两电极上，盖上盖子。将温差测量仪探头插入内筒水中（拔出探头之前，记下外筒水温读数；探头不可碰到氧弹）测定水当量：打开搅拌器，待温度稳定后约 $2\sim3$min，开始记录温度。每隔 30s 记录一次，直到连续五次水温有规律微小变化。开启"点火"按钮，当温度明显升高时，说明点火成功。继续每 30s 记录一次，到温度升至最高点后，再记录 10 次。停止实验。

停止搅拌，取出氧弹，放出余气（注意：不能直接打开，一定要用放气阀放气）。打开氧弹盖，若氧弹中无灰烬，表示燃烧完全；若留有许多黑色残渣，表示燃烧不完全，实验失败。将剩余燃烧丝称重，待处理数据时使用。

用水冲洗氧弹及燃烧杯，倒去内桶中的水，把物件用纸擦干、待用。

（5）称取 $1.2\sim1.3$g 蔗糖代替苯甲酸，重复上述实验。

『实验记录』

（1）将实验条件和原始数据列表记录（表 4-8、表 4-9）。

表 4-8 苯甲酸实验数据记录表

反应前期 (1次/min)		反应中期 (1次/15s)		反应后期 (1次/30s)			
时间	温度	时间	温度	时间	温度	时间	温度
1		1		1		16	
2		2		2		17	
3		3		3		18	
4		4		4		19	
5		5		5		20	
6		6		6		21	
7		7		7		22	
8		8		8		23	
9				9		24	
10				10		25	
				11		26	
				12		27	
				13		28	
				14		29	
				15		30	

表 4-9 蔗糖实验数据记录表

反应前期 (1次/min)		反应中期 (1次/15s)		反应后期 (1次/30s)			
时间	温度	时间	温度	时间	温度	时间	温度
1		1		1		16	
2		2		2		17	
3		3		3		18	
4		4		4		19	
5		5		5		20	
6		6		6		21	
7		7		7		22	
8		8		8		23	
9				9		24	
10				10		25	
				11		26	
				12		27	
				13		28	
				14		29	
				15		30	

原始数据记录：

1. 燃烧丝重_____g；棉线重_____g；苯甲酸样品重_____g；

   剩余燃烧丝重_____g；水温_____℃。

2. 燃烧丝重_____g；棉线重_____g；萘样品重_____g；

   剩余燃烧丝重_____g；水温_____℃。

（2）由实验数据求出苯甲酸前后的 $t_{始}$ 和 $t_{终}$。

（3）由苯甲酸数据求出水当量 W。已知苯甲酸在 298K 的燃烧热 $Q_p = -3226.8kJ/mol$。

由公式 $Q_p = Q_V + nRT$ 计算 Q_V。

$$W \cdot (t_{终} - t_{始}) = Q_{样品} \cdot (m/M) + Q_{燃丝} \cdot m_{燃丝} \tag{4-5}$$

式中，$Q_{铁丝} = -6695\text{J/g}$；$Q_{镍铬丝} = -1400.8\text{J/g}$。

（4）根据

$$W \cdot (t_{终} - t_{始}) = Q_{样品} \cdot (m/M) + Q_{燃丝} \cdot m_{燃丝}$$

$$Q_{样品} = (M/m) [W \cdot (t_{终} - t_{始}) - Q_{燃丝} \cdot m_{燃丝}] \tag{4-6}$$

$$Q_p = Q_V + nRT$$

求出蔗糖的恒压燃烧热 Q_p（T 为氧弹计外壳套筒温度）。

『实验注意事项』

（1）内筒中加一定体积的水后，如有气泡逸出，说明氧弹漏气，须设法排除。

（2）搅拌时不得有摩擦声。

（3）燃烧样品蔗糖时，内筒水要更换且需重新调温。

（4）氧气瓶在开总阀前要检查减压阀是否关好；实验结束后要关上钢瓶总阀，注意排净余气，使指针回零。

『思考题』

（1）本实验中，哪些为体系，哪些为环境，实验过程中有无热损耗，如何降低热损耗？

（2）在环境恒温式量热计中，为什么内筒水温要比外筒水温低，低多少才合适？

（3）实验中，哪些因素容易造成误差。如果要提高实验准确度，应从哪几方面考虑？

4.1.6　物质自燃特性参数测定

『实验目的』

（1）理解弗兰克-卡门涅茨基自燃模型中有关参数的物理意义。

（2）掌握实验测定自燃氧化反应活化能的方法。

（3）利用 F-K 模型和实验测得的有关参数，判断在环境条件下固体可燃物发生自燃的临界尺寸，即利用小型实验结果推测大量堆积固体发生自燃的条件。

『实验仪器』

（1）电热鼓风干燥箱。

（2）自发放热物质检测系统软件。

（3）热电偶，2m，两支，测温精度±0.5℃。

（4）丝网立方体 3、4、5、6cm 各一个。

（5）活性炭粉末粒径较细并均匀，或浸有桐油的锯末（本实验使用的是活性炭）。

『实验原理』

热自燃理论认为，着火是体系放热因素与散热因素相互作用的结果。如果体系放热因素占优势，就会出现热量积累，温度升高，反应加速，发生自燃；相反，如果散热因素占优势，体系温度下降，不能自燃。对于毕渥特数 Bi 较小的体系，可以假设体系内部各点的温度相同，自燃着火现象可以用谢苗诺夫自燃理论来解释。但对于毕渥特数 Bi 较大的体系（$Bi > 10$），体系内部各点温度相差较大，必须用弗兰克-卡门涅茨基自燃理论来解释。该理论以体系最终是否能得到稳态温度分布作为自燃着火的判断准则，提出了热自燃的稳态分析方法。

可燃物质在堆放情况下，空气中的氧将与之发生缓慢的氧化反应。反应放出的热量一方面使物体内部温度升高，另一方面通过堆积体边界向环境散失。如果体系不具备自燃条件，则从物质堆积时开始，内部温度逐渐升高，经过一段时间后，物质内部温度分布趋于稳定。这时化学反应放出的热量与边界传热向外流失的热量相等。如果体系具备了自燃条件，则从物质堆积开始，经过一段时间后，体系着火。显然，在后一种情况下，体系自燃着火之前，物质内部温度分布不均。因此，体系能否获得稳态温度分布就成为判断物质体系能否自燃的依据。

理论分析发现，物质内部的稳态温度分布取决于物体的形状和 δ 值的大小。这里，δ 表征物体内部化学放热和通过边界向外传热的相对大小。当物体的形状确定后，其稳态温度分布则仅取决于 δ 值。当 δ 大于自燃临界准则参数 δ_{cr} 时，物体内部将无法维持稳态温度分布，体系可能会发生自燃。这里，δ_{cr} 是把化学反应生成热量的速率和热传导带走热量的速率联系在一起的无因次特征值，代表临界着火条件。

根据弗兰克-卡门涅茨基自燃理论，有：

$$\delta_{cr} = \frac{x_{oc}^2 E \cdot \Delta H_c \cdot K_n \cdot C_{AO}^n}{KRT_{a,cr}^2} \cdot \exp\left(-\frac{E}{RT_{a,cr}}\right) \tag{4-7}$$

式中，x_{oc} 为体系的临界尺寸：它对于球体、圆柱体为半径，对于平板为厚度的一半，对于立方体为边长的一半；E 为反应活化能；ΔH_c 为摩尔燃烧热；K_n 为燃烧反应速度方程中的指前因子；C_{AO} 为反应物浓度；K 为导热系数；R 为气体常数；$T_{a,cr}$ 为临界环境温度，即临界状态下的环境温度。

对具有简单几何外形的物质，δ_{cr} 经过数学方法求解，得出各自的临界自燃准则参数 δ_{cr} 为：对无限大平板，$\delta_{cr} = 0.88$；对无限长圆柱体，$\delta_{cr} = 2$；对球体，$\delta_{cr} = 3.32$；对立方体，$\delta_{cr} = 2.52$。

将上述关系式进行整理，并两边取对数得

$$\ln\left(\frac{\delta_{cr} \cdot T_{a,cr}^2}{x_{oc}^2}\right) = \ln\left(\frac{E \Delta H_c K_n C_{AO}^n}{KR}\right) - \frac{E}{RT_{a,cr}} \tag{4-8}$$

此式表明，对特定的物质，等式右边第一项 $\ln\left(\dfrac{E \Delta H_c K_n C_{AO}^n}{KR}\right)$ 为常数，那么左边一项 $\ln\left(\dfrac{\delta_{cr} \cdot T_{a,cr}^2}{x_{oc}^2}\right)$ 与 $\dfrac{1}{T_{a,cr}}$ 是线性关系。对于给定几何形状的材料，$T_{a,cr}$ 和 x_{oc} 即试样特征尺寸之间的关系可通过试验确定。一旦确定了各种尺寸立方体的 $T_{a,cr}$ 值，代入 δ_{cr}，便可以由 $\ln\left(\dfrac{\delta_{cr} \cdot T_{a,cr}^2}{x_{oc}^2}\right)$ 对 $\dfrac{1}{T_{a,cr}}$ 作图，可得一直线。该直线的斜率 $K = -\dfrac{E}{R}$，由此可以求出材料的活化能 $E = -KR$。弗兰克-卡门涅茨基自燃模型的近似性很好，若是外推不太大，它可以用来初步预测实验所做温度范围以外的自燃行为。所以，利用外推法得到截距后，可以判定环境温度下（20℃）发生自燃的临界尺寸。

『实验步骤』

（1）装试样。将活性炭粉末装入不同的丝网立方体内，注意一定要装满装平，然后将立方体丝网平放入电热鼓风干燥箱的中心位置。两个 K 型热电偶中，一个检测试样中心温度，保证其探头插入试样中心，为避免振动而引起热电偶移动，用细铁丝将其紧固在托盘上；另一个热电偶测定炉温，放置在立方体一侧，要求尽量接近立方体，但又不能与其接触，同样用细铁丝将其紧固在托盘上。关闭玻璃门与干燥箱大门。

（2）设定自发放热物质检测系统的参数（图 4-4）。设置采样间隔为 3min，保存环境温度、体系温度、环境温度与体系温度的差值以及相邻时间的体系温度差值。

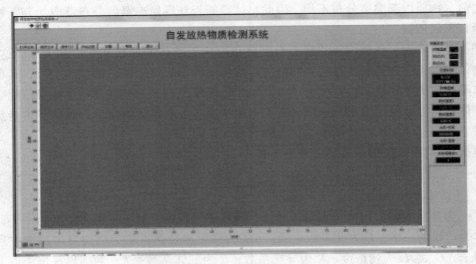

图 4-4　自发放热物质检测系统界面

（3）设定干燥箱的工作温度，仪器开始加热升温。开启电热鼓风干燥箱的电源开关，同时打开辅助加热开关，根据预测的自燃温度，设定一高出其一定温度的干燥箱工作温度。应注意所设温度不得高于干燥箱允许的最高工作温度一般为 300℃，温度设定方法见后面说明。超温报警温度设定为 305℃，仪器开始加热升温。

（4）数据记录。实验中不能随意打开控温炉。注意观察试样中心温度的变化规律，从软件上的温度-时间曲线判断试样是否发生了自燃。一直记录数据到体系温度超过环境温度时为止。

（5）实验结束后，关闭干燥箱的辅助加热开关，将干燥箱工作温度设定到室温 20℃。打开箱体大门与玻璃门，让鼓风系统继续工作，直到工作室温度降低到室温附近时，再关闭电源开关。将立方体丝网取出，倒掉试样（注意：试样过热时不要倒在塑料容器中），清理干燥箱内部。同一尺寸试样测得若干个温度后，取其中发生自燃的最低温度为最低超临界自燃温度，用 T_{super} 来表示；取其中不发生自燃的最高温度为亚临界自燃温度，用 T_{sub} 来表示。则该尺寸试样的自燃温度定义为：

$$T_{a,cr} = \frac{1}{2}(T_{super} + T_{sub}) \tag{4-9}$$

改变试样尺寸，可重复上述步骤，得到对应的 $T_{a,cr}$。每一个实验小组可只测定 1 个尺寸试样的自燃温度，最后收集其他组的实验结果，统一处理实验数据。

『实验记录与结果处理』

1. 实验数据记录

实验数据记录见表 4-10 和表 4-11。

表 4-10 $x_{oc} =$ cm 时的实验结果　　　　　　　　　　（℃）

时间/min	0	3	6	9	12	15	18	21	24	…
$T_{环境}$										
$T_{体系}$										
$T_{环境}-T_{体系}$										
$\Delta T_{体系}$										

表 4-11 不同特征尺寸下的临界着火温度

特征尺寸/cm	1.5	2	2.5	3		
临界着火温度/K					.	

2. 实验结果处理

（1）作图。已知立方体的临界自燃准数 δ_{cr} 为 2.52，以 $\dfrac{1}{T_{a,cr}}$ 为横坐标、$\ln\left(\dfrac{\delta_{cr} \cdot T_{a,cr}^2}{x_{oc}^2}\right)$ 为纵坐标在直角坐标系中作图，经线性回归可得到一条直线。

（2）计算活化能 E。上述直线的斜率为 K'，且有 $K' = -E/R$，则 $E = -K'R = -8.314K'$，代入直线的斜率，即可求出该物质自燃氧化反应的活化能值。

3. 根据 F-K 模型，判定室温20℃下体系发生自燃的临界尺寸

将上图中的直线延长至室温，可查得对应于 $T = 273+20 = 293K$（即横坐标 $\dfrac{1}{T_{a,cr}} = \dfrac{1}{293} = 3.41 \times 10^{-3}$）时的纵坐标值，即为对应的 $\ln\left(\dfrac{\delta_{cr} \cdot T_{a,cr}^2}{x_{oc}^2}\right)$ 值，代入 $\delta_{cr} = 2.52$ 和 $T_{a,cr} = 293K$ 计算，可求得室温下体系发生自燃的临界尺寸 x_{oc} 的值。而为了防止自燃，以立方体堆积的活性炭的边长不能大于 $2x_{oc}$。

『思考题』

（1）为什么说具有自燃特性的固体可燃物之临界自燃温度不是特性参数？

（2）测定自燃氧化反应活化能时，为什么要强调控温炉内强制对流的传热条件？

（3）测定临界自燃温度 $T_{a,cr}$ 时，为什么要取为超临界自燃温度的最低值和亚临界自燃温度的最高值之平均值，可否直接测定 $T_{a,cr}$？

（4）根据 F-K 理论，将小型实验结果应用于大量堆积固体时，如何保证结论的可靠性？如何应用实验结果预防堆积固体自燃或认定自燃火灾原因？

4.1.7　热重分析实验

『实验目的』

（1）了解热重分析的基本原理及热重分析装置的使用方法。

（2）学习使用热重分析方法并能测量物质的质量变化与温度变化的关系。

（3）掌握升温速率、失重速率的概念，绘制 TG 曲线，并进行一次微分计算，获得并

解读热重微分曲线——DTG 曲线。

『实验仪器』

仪器：TGA-Q500 热重分析仪。

试剂：草酸钙。

『实验原理』

热重法 TG 是在程序控制温度下，测量物质质量与温度关系的一种技术。许多物质在加热过程中，在某温度下会发生分解、脱水、氧化、还原、熔化和升华等物理化学变化而出现质量变化，发生质量变化的温度及质量变化百分数随着物质的结构及组成而异，因而可利用物质的热重曲线来研究物质的热变化过程，如试样的组成、热稳定性、热分解温度、热分解产物和热分解动力学等。目前，热重分析法广泛应用在安全科学的许多领域中，发挥着重要的作用。

热重分析通常可分为两类：动态升温和静态恒温。

（1）静态法，又分为等压质量变化测定和等温质量变化测定两种。等压质量变化测定是在程序控制温度下，测量物质在恒定挥发物分压下平衡质量与温度关系的一种方法。该法利用试样分解的挥发产物所形成的气体作为气氛，并控制在恒定的大气压下测量质量随温度的变化，其特点就是可减少热分解过程中氧化过程的干扰。等温质量变化测定是指在恒温条件下测量物质质量与温度关系的一种方法。该法每隔一定温度间隔将物质恒温至恒重，记录恒温恒重关系曲线。该法准确度高，能记录微小失重，但比较费时。

（2）动态法，又称非等温恒重法，分为热重分析（TG）和微商热重分析（DTG）。热重和微商热重分析都是在程序升温的情况下，测定物质质量变化与温度的关系。DTG 是记录热重曲线对温度或时间的一阶导数的一种技术，由于动态法简便实用，因此广泛应用在热分析技术中。

物质损失的重量通过热天平称量，热天平与常规分析天平一样，都是称量仪器，但因其结构特殊，使其与一般天平在称量功能上有显著差别。它能自动、连续地进行动态称量与记录，并在称量过程中能按一定的温度程序改变试样的温度，而且试样周围的气氛也是可以控制和调节的。热重分析得到的是程序控制温度下物质质量与温度关系的曲线，即热重曲线（TG 曲线）。TG 曲线以质量作纵坐标，从上向下表示质量减少；以温度（或时间）作横坐标，从左至右表示温度（或时间）增加。TG 曲线如图 4-5 所示。

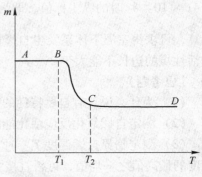

图 4-5　典型的 TG 曲线

『实验步骤』

1. 样品坩埚去皮重

必须在将样品装入之前去皮重，以确保天平可产生精确的读数。将空的样品坩埚放在平台上并从"TGA 控制菜单"触摸屏或辅助键盘选择去皮重，或者从仪器控制软件中选择控制/去皮重。坩埚自动装入，炉子升高以进行测量。当去皮重过程完成后，炉子自动降低并卸载坩埚。

2. 加载样品

按如下方法将样品加载到 TGA 炉子中：

（1）将样品放在样品坩埚中，然后将坩埚放置在样品平台上。样品坩埚底部的线应该与坩埚孔中的凹槽对齐，以使样品悬挂线吊起样品。注意：始终使用黄铜镊子来夹持样品坩埚。

（2）在控制菜单触摸屏或辅助键盘上触摸加载键，TGA 自动将样品坩埚加载到天平上。

（3）将热电偶定位在样品坩埚的边缘而不是中间以获得最佳效果。注意：热电偶应该距离样品约 2mm。

（4）触摸控制菜单触摸屏或辅助键盘上的 FURNACE 键，以将炉子围绕样品向上移动来关闭炉子。

3. 开始实验

在开始实验之前，请确保已连接好 TGA 及控制器，且已经通过仪器控制软件输入了所有必要的信息。

注意：一旦开始实验后，最好使用计算机的键盘进行操作。TGA 对运动非常敏感，能够捕捉到由于触摸仪器触摸屏上的键而引起的振动。

触摸仪器触摸屏或辅助键盘上的 START 键，或选择仪器控制软件上的"开始"来开始实验。当启动仪器时，系统自动加载样品坩埚并关闭炉子，然后运行实验直至完成。

4. 停止实验

如果由于某种原因需要终止实验，可以通过按下控制菜单触摸屏或辅助键盘上的 STOP 键或通过仪器控制软件选择停止，来停止实验。

『实验记录』

（1）将实验数据保存在电脑硬盘上，然后通过转换程序转换为可读格式在写字板中打开，即可查看不同温度下的热失重数据。

（2）将实验数据导入到 Origin 软件中绘图并打印输出，根据曲线分析材料失重情况，从而推断出材料的大致组成。

（3）确定失重起始温度、失重结束温度、失重最大点温度的计算以及失重百分比的计算。

『实验注意事项』

（1）在学生自行实验操作时，一定要按照实验大纲的要求操作，爱护实验仪器。要轻拿轻放，防止磕碰及损坏。

（2）样品要求：固体、液体样品均可做；固体样品要求颗粒均匀，样品粒度尽量磨成小颗粒；样品量：数毫克到 10mg 之间均可。

『思考题』

（1）热重 TG 分析的基本原理是什么？

（2）影响 TG 分析结果的主要因素有哪些？

（3）热重分析在安全科学中有哪些应用？

4.1.8　本生灯法测定火焰法向传播速度实验

『实验目的』

（1）巩固火焰传播速度的概念，掌握本生灯法测量火焰传播速度的原理和方法。

（2）测定液化石油气的层流火焰传播速度。

（3）掌握不同的气/燃比对火焰传播速度的影响，测定出不同燃料百分数下火焰传播速度的变化曲线。

『实验仪器』

实验台由本生灯、旋涡气泵、湿式气体流量计、U 形管压差计、测高尺等组成。旋涡气泵产生的空气通过泄流阀、稳压罐、湿式气体流量计、调压阀后进入本生灯，燃气经减压器、湿式气体流量计、防回火器、调压阀后进入本生灯与空气预混合，点燃后通过测量内焰锥高度计算火焰的传播速度。

『实验原理』

层流火焰传播速度是燃料燃烧的基本参数。测量火焰传播速度的方法很多，本试验装置采用动力法即本生灯法进行测定。

正常法向火焰传播速度定义为在垂直于层流火焰前沿面方向上火焰前沿面相对于未燃混合气的运动速度。在稳定的 Bensun 火焰中，内锥面是层流预混火焰前沿面。在此面上某一点处，混合气流的法向分速度与未燃混合气流的运动速度即法向火焰传播速度相平衡，这样才能保持燃烧前沿面在法线方向上的燃烧速度（图 4-6），即

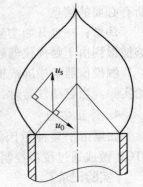

图 4-6　燃烧速度示意图

$$u_0 = u_s \times \sin\alpha \tag{4-10}$$

式中　u_s——混合气的流速，cm/s；

　　　α——火焰锥角之半。

或

$$u_0 = 318 \frac{q_v}{r\sqrt{r^2 + h^2}} \tag{4-11}$$

式中　q_v——混合气的体积流量，L/s；

　　　h——火焰内锥高度，cm；

　　　r——喷口半径，cm。

以上两式是使用本生灯火焰高度法测定可燃混合气体的层流火焰传播速度 u_0 的计算式。在本实验中，可燃混合气体的体积流量 q_v 是用湿式流量计分别测定燃气与空气的体积流量而得到的，内锥焰面底部圆的半径 r 可取本生灯喷口半径；内焰锥高度 h 可由测高尺测量。

『实验步骤』

（1）启动旋涡气泵，调节风量使本生灯出口流速约为 0.6m/s，并由湿式流量计读出空气流量。

（2）由以上空气流量，可粗略地估算出一次空气系数 α_1 为 0.8、0.9、1.0、1.1、1.2 时的燃气流量。

（3）开启燃气阀，调整燃气流量分别为上述 5 个计算值的近似值，流量值由流量计读出。

（4）缓慢调节空气和燃气流量，当火焰稳定后，分别由湿式流量计测出燃气与空气的体积流量。由测尺测出火焰内锥高度（从火焰底部，即喷口出口断面处到火焰顶部间的距离）。为减少测量误差，对每种情况最好测三次，然后取平均值。

（5）记录室温，计算出 u_0 值。

（6）环境温度和大气压力由教师测量提供。

『实验记录与结果处理』

（1）根据理想气体状态方程式（等温），将燃气和空气测量流量换算成（当地大气压下）喷管内的流量值，然后计算出混合气的总流量，求出可燃混合气在管内的流速 u_s，并求出燃气在混合气中的百分数。

（2）计算出火焰传播速度 u_0，将有关数据填入表 4-12 内。

表 4-12　实验数据记录表

序号	燃气测量值		空气测量值		折算流量		总流量 q_v/L·s^{-1}	燃气体积百分数	气流出口速度 u_s/cm·s^{-1}	火焰传播速度 u_0/cm·s^{-1}	火焰高度/cm	
	压力	流量	压力	流量	燃气	空气						
1											1	
											2	
											3	
											平均	
2											1	
											2	
											3	
											平均	
3											1	
											2	
											3	
											平均	
4											1	
											2	
											3	
											平均	
5											1	
											2	
											3	
											平均	
6											1	
											2	
											3	
											平均	

『思考题』

（1）液化石油气的最大火焰传播速度是多少，对应的燃气百分数是多少，误差是多少？

（2）应选定 Bensun 火焰的哪个面为火焰前沿面，为什么？

4.2　火灾爆炸实验

4.2.1　液体开口闪点与燃点测定

『实验目的』

（1）掌握可燃液体闪点、燃点的定义及液体存在闪燃现象的原因。

（2）掌握开口杯闪点测定仪的使用和测量可燃液体闪点的方法。

（3）掌握闪、燃点测定的操作步骤。

『实验仪器』

SYD-3536 克利夫兰开口闪点试验器；盛油样的容器；点火器；闪点仪用温度计。

『实验原理』

当液体温度较低时，蒸发速度慢，液面上方形成的蒸气分子浓度比较低，可能低于爆炸下限，此时蒸气分子与空气形成的混合气体遇到火源是不能被点燃的。随着温度的不断升高，蒸气分子浓度增高，当蒸气分子浓度增高到爆炸下限的时候，可燃液体的饱和蒸气与空气形成的混合气体遇到火源会发生一闪即熄灭的现象。这种一闪即灭的瞬时燃烧现象称为闪燃。在规定的实验条件下，液体表面发生闪燃时，所对应的最低温度称为该液体的闪点。在闪点温度下，液体只能发生闪燃而不能出现持续燃烧。这是因为在闪点温度下，可燃液体的蒸发速度小于其燃烧速度，液面上方的蒸气烧光后蒸气来不及补充，导致火焰自行熄灭。继续升高温度，液面上方蒸气浓度增加。当蒸气分子与空气形成的混合物遇到火源能够燃烧且持续时间不少于 5s 时，此时液体被点燃，它所对应的温度称为该液体的燃点。

从消防观点来看，闪燃是火险的警告，着火的前奏。掌握了闪燃这种燃烧现象，就可以很好地预防火灾发生或减少火灾造成的危害。闪点是衡量可燃液体火灾危险性的一个重要参数，是液体易燃性分级的依据。

『实验步骤』

基本步骤：装试样→放置在电炉上→装温度计→加热升温→点火试验→记录数据。

（1）打开电源开关，指示灯亮，随后可以进行试验操作。

（2）将试样注入克利夫兰油杯，加到与刻度线平齐。

（3）把油杯放在电炉上，接好燃气，调节好温度传感器的高度和火焰的大小。

（4）开启仪器进入测试工作状态，仪器进入自动加热、自动扫划、自动显示实时温度的工作程序。

（5）当在油面上任何一点出现闪火时，不按动记录键，人工记下仪器当前显示的温度，此温度即为试样的闪点值。然后让仪器继续加热，试样继续升温，直到试样着火并能连续燃烧不少于 5s，按动记录键，仪器液晶显示屏记录本次试验的燃点值。同时立即将温度传感器拔出试样杯口，用熄火盖盖住试样杯。

（6）试验结束后，做好清洁工作，并切断电源。

（7）每种试样各测两次，要求两次闪点误差不超过 2℃。

『实验记录』

将实验数据填入表 4-13 和表 4-14。

表 4-13   SYD-3536 开口杯闪点测定仪数据记录表格   （℃）

物质	闪　点		
	第一次	第二次	平均值

表 4-14   SYD-3536 开口杯燃点测定仪数据记录表格   （℃）

物质	燃　点		
	第一次	第二次	平均值

『实验注意事项』

（1）为清楚地观察闪火，试验时尽可能选择避风和光线较暗的地方。当升温至离预期闪点还差 17℃ 时，要特别注意避免由于操作者的漫不经心的动作，或在杯旁呼吸而搅动试验杯中的蒸气，而影响测定结果。

（2）电源通电加热电炉时，注意电器元器件的安全防护。

（3）必须严格按照实验设备的操作步骤工作。

（4）同一操作者用同一台仪器重复测定两次，试验结果之差不应超过 8℃。

（5）在符合本标准的精密度时，取两个试验结果的平均值作为闪点和燃点。

（6）必须在教师指导下进行操作及相关实验。

『思考题』

（1）影响闪点测定值的因素有哪些？

（2）闪点的估算方法有哪些？

（3）为什么实验用油每次都要取新鲜的油液，坩埚内的油能不能连续使用？

4.2.2   液体闭口闪点测定

『实验目的』

（1）掌握可燃液体闪点的定义及液体存在闪燃现象的原因。

（2）掌握闭口杯闪点测定仪的使用和测量可燃液体闪点的方法。

『实验仪器』

SYD-261 闭口闪点测试仪；盛油样的容器；点火器；闪点仪用温度计。

『实验原理』

当液体温度比较低时，蒸发速度慢，液面上方形成的蒸气分子浓度比较小，可能小于爆炸下限，此时蒸气分子与空气形成的混合气体遇到火源是不能被点燃的。随着温度的不断升高，蒸气分子浓度增大，当蒸气分子浓度增大到爆炸下限的时候，可燃液体的饱和蒸气与空气形成的混合气体遇到火源会发生一闪即熄灭的现象，这种一闪即灭的瞬时燃烧现象称为闪燃。在规定的实验条件下，液体表面发生闪燃时所对应的最低温度称为该液体的闪点。

从消防观点来看，闪燃是火险的警告，着火的前奏。掌握了闪燃这种燃烧现象，就可以很好地预防火灾发生或减少火灾造成的危害。闪点是衡量可燃液体火灾危险性的一个重要参数，是液体易燃性分级的依据。闭杯闪点等于或低于 61℃ 的液体为易燃液体。按闪点的高低易燃液体可分为：

（1）低闪点液体，指闪点<18℃ 的液体。

（2）中闪点液体，指 18℃≤闪点<23℃ 的液体。

（3）高闪点液体，指 23℃≤闪点≤61℃ 的液体。

『实验步骤』

基本步骤：装试样→放置在电炉上→装温度计→加热升温→点火试验→记录数据。

（1）将试样注入油杯中，加到与刻度线平齐。注意：首先把油杯平放在实验台上，然后将药品倒入小烧杯中，再用小烧杯往油杯里加，加到快与刻度线平齐时，改用滴管滴。注入试样时不应溅出，而且液面以上的油杯壁不应沾有试样。

（2）将装好试样的油杯平稳地放置在电炉上（即将油杯上的小孔对准仪器上的铆钉平放），再将搅拌装置和油杯盖卡入仪器上的卡口固定好，并将温度计放入油杯盖孔口。

（3）打开可燃气阀门。注意阀门不宜开得过大，将点火器点燃。点火器的火焰长度为 3~4mm（不宜太长）。接通闪点测定仪的加热电源进行加热，并同时打开搅拌器开关使液体均匀受热，试样温度逐渐升高。当试样温度达到预计闪点前 40℃ 时，严格控制升温速度为每分钟升高（4±1）℃，即控制电压：汽油将电压控制在 50V，柴油将电压控制在 90~100V。当试样温度达到预计闪点前 10℃ 时，开始点火。扭动旋手，使滑块能露出油杯盖孔口，同时点火器自动向下摆动，伸向油杯盖点火孔内进行点火。点火时间为 2~3s。试样每升高 2℃ 重复一次点火试验。

（4）当在液面上方观察到一闪即灭的蓝色火焰时，记录温度计的读数。此温度即为该试样的闪点。

（5）关闭电源，将油杯内的试样倒入废油回收烧杯中，用湿抹布给油杯和电炉降温，降到室温再换上新鲜的试样。重复上述实验，并记录实验结果。

（6）每种试样各测两次，要求两次闪点误差不超过 2℃。

『实验记录』

将实验数据填入表 4-15。

表 4-15　SYD-261 闭口杯闪点测定仪数据记录表格　　　　　　　　　（℃）

物　　质	闪　　点		
	第一次	第二次	平均值

『实验注意事项』

（1）为清楚地观察闪火，试验时尽可能选择避风和光线较暗的地方。当升温至离预期闪点相差17℃时，要特别注意避免由于操作者的漫不经心的动作，或在杯旁呼吸而搅动试验杯中的蒸气，而影响测定结果。

（2）电源通电加热电炉时，注意电器元器件的安全防护。

（3）必须严格按照实验设备的操作步骤工作。

（4）同一操作者用同一台仪器重复测定两次，试验结果之差不应超过8℃。

（5）在符合本标准的精密度时，取两个试验结果的平均值作为闪点。

（6）必须在教师指导下进行操作及相关实验。

『思考题』

（1）影响闪点测定值的因素有哪些？

（2）闪点的估算方法有哪些？

（3）对于同一种油品，分别用开口和闭口测定方法测得的闪点有何区别？说明原因。

4.2.3　火灾自动报警控制系统演示实验

『实验目的』

（1）了解大型火灾报警控制器的报警原理及工作方式。

（2）掌握JLV3系列火灾报警控制器产品性能、控制器使用以及控制流程。

（3）能运用简单辅助工具模拟报警过程。

（4）了解报警后的控制操作及相关应急措施。

『实验仪器』

JLV3系列火灾报警控制系统。

『实验原理』

火灾报警控制器的主要功能是准确地向人们报告火灾信息。本火灾报警控制器和探测器是分开设计的，它们既各自是独立工作的，又通过总线互相联系。探测器根据现场的实际情况对火警进行判定。一旦探测器发来报警信号，控制器负责将探测器的报警部位报出。控制器的另一个作用是对探测器及模块等进行管理，操作者可通过控制器向探测器及模块发出命令，通过火灾报警器的控制实现火灾的早期预防与处理。

『实验步骤』

1. 感烟火灾探测器

（1）取用一小块薄木片，点燃待其燃烧稳定后吹灭火焰，将烟靠近感烟火灾探测器。几秒钟后，控制器报警响应。

（2）进行消音操作：按消音键，消音指示灯点亮，扬声器中止发出警报；如有新的警报发生时，消音指示灯熄灭，扬声器再次发出警报声。广播后恢复初始状态，进行下一项模拟。

2. 感温火灾探测器

（1）利用电吹风的温度使其达到报警温度，对演示面板上的温控系统进行测试。当电吹风在感温探头旁边吹了一会儿的时候，就能够听见控制器发出警报声。此时可以进行电话对话。并且在控制器的主控单元预先设置，可使演示展板收到信号而发出警报声。

（2）报警后，同样按上述方式处理消音和恢复初始状态。

3．手动报警模拟

按下手动报警器，报警后，进行处理消音和恢复初始状态，并在控制器和旁边的演示展台实现电话对话。

4．隔离模块实验

当系统中某些外部设备探测器、模块或火灾显示盘因某种原因发生故障时，在排除引起故障的外部条件之前，用户不希望控制器报出这些故障时，可将它屏蔽掉，待修理或更换后，再利用释放功能将设备恢复。被屏蔽掉的地址不再报出火警和故障，所以应慎重使用。

（1）在主机上进行操作，启动隔离模块，按上述任一模拟方法使其报警，观察变化。进入"设置"选单，选中"故障部件屏蔽"功能进行设置。

（2）同样地，将隔离模块屏蔽后进行模拟。

（3）有屏蔽时，屏蔽指示灯点亮。

5．模拟实验结束后复位

当报警或故障等处理完毕后，需要对控制器进行清除操作。操作方法为按下复位键，可以实现以下功能：

（1）清除当前的所有火警故障和动作显示。

（2）复位所有总线控制单元和专线控制单元的状态指示灯。

（3）清除消音状态。

（4）清除屏蔽显示，但屏蔽标志灯不变，屏蔽内容依旧起作用。

『实验记录』

观察各个模拟器触发后的状态，并做好记录。

『实验注意事项』

（1）严格按照实验步骤操作仪器，避免误操作。

（2）实验中点燃的薄木片应确保安全熄灭后，放至指定位置。

『思考题』

（1）现实生活中见到的火灾传感器还有哪些种类？

（2）感烟火灾探测器与感温火灾探测器的探测浓度分别是多少？

4.2.4　可燃气体爆炸极限测定实验

『实验目的』

（1）了解气体爆炸极限测试装置，学习分压法配气的原理和方法。

（2）掌握气体爆炸极限测试方法，理解爆炸极限的概念，弄清气体爆炸极限的影响因素及其一般规律。

『实验仪器』

NEU-G-EL 型可燃气体/蒸气爆炸特性测试装置。

『实验原理』

首先利用分压法在爆炸腔体内配制一定浓度的可燃气体/空气混合物，然后点火引爆，同时启动计算机数据采集系统，利用压力传感器记录爆炸腔体内的压力变化。如果爆炸超压达到爆炸判据，则判定爆炸发生；否则进一步提高可燃气体浓度，继续测试，直到测得发生爆炸的最低浓度为止。这就得到了可燃气体的爆炸下限。如果继续升高可燃气体/空气混合物，也会得到一个会发生爆炸的最高浓度。该浓度即为该可燃气体的爆炸上限。介于爆炸下限和爆炸上限之间的范围即为该可燃气体的爆炸浓度范围。在当量浓度（混合体系中可燃气体和氧气完全反应的浓度）附近点火，可以测试可燃气体的最大爆炸压力和最大压力上升速率。

『实验内容』

利用可燃气体/蒸气爆炸特性测试装置测试可燃气体的爆炸极限。

『实验步骤』

（1）打开"总电源"，给传感器、数显压力表供电。如果不需加热，则毋须打开"加热电源"。

（2）更换点火熔丝，旋开点火杆压盖，将准备好的熔丝缠绕在点火杆头部，并旋紧螺母压紧熔丝，保证导电良好。但不要压得过紧，防止压折，见图4-7。安装好熔丝后，旋紧压盖，注意观察O型圈是否在原位，见图4-8。

图4-7 点火熔丝示意图

最后，夹好导电夹。导电夹不分正负，见图4-8。

（3）抽真空。抽真空前，首先观察数显真空压力表是否回零，仪表出厂前是根据当地当日的绝对大气压校零的，每天大气压会有所变化，所以开机后会不在零位。为了方便配气，可以在开机后进行调零。调零方式如下：

1）打开腔体通向大气的所有阀门；

2）打开真空压力表开关真空压力表下部的球阀、保证压力表和大气相通；

3）旋开真空压力表显示面盘外的防护罩；

4）按M键进入调整菜单；

5）按"+"2次，再按M键1次；

6）最后按E键2次，完成调整并退出菜单。

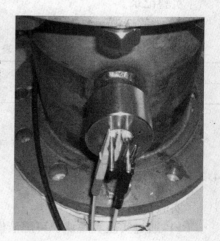

图4-8 测试装置组装后示意图

调整后的结果是将当前大气压力作为压力的零点。但由于大气压力每时每刻都在变化，因此，即使调零后也不一定会一直保持零值。

如果不调零，按照压力差来配气也不影响精度。这也是通常的做法。

调零后，把真空泵的抽气管和爆炸腔体连接好，打开爆炸腔上部球阀，开启真空泵，观察数显真空压力表的显示，达到需要的真空度时关闭球阀，最后关闭真空泵，否则真空泵里的油可能被反向吸入到爆炸腔内。

（4）配气。根据计划配制需要的混合气体浓度。打开无级变速电磁搅拌器，将速度控制在 400rpm 左右，搅拌约 3min。

（5）打开计算机，启动专用数据处理软件"ADSOFT-NEW"，选择"采样等待"。

（6）点火引爆。上述所有步骤都完成后，即可进行点火，完成一次爆炸实验，然后对实验结果进行处理。

（7）爆炸极限的确定。采用渐进法通过测试来确定爆炸极限值。测定爆炸下（上）限时，如果在某浓度下未出现爆炸现象，则增大（减少）可燃性气体的浓度直至测得能发生爆炸的最小（大）浓度；如果在某浓度下发生爆炸现象，则减少（增大）可燃性气体浓度直至测得不能发生爆炸的最大（小）浓度。测量爆炸下限时所用样品改变量应满足每次不大于上次进样量的 10%，测量爆炸上限时所用样品改变量应满足每次不大于上次进样量的 2%。

通过重复（5）~（7）的操作，测得最接近爆炸和不爆炸两点的浓度，并按下式来计算爆炸极限值：

$$\varphi = \frac{1}{2}(\varphi_1 + \varphi_2) \tag{4-12}$$

式中，φ 为爆炸极限；φ_1 为爆炸浓度；φ_2 为不爆炸浓度。

（8）清洗。完成一次实验后，无论是否发生爆炸，均要对腔体进行清洗。可通过抽真空的方式进行清洗，而无须将整个法兰打开。为了保证清洗干净，至少需要抽真空 3 次，且每次真空度要达到 −95kPa 以上。

『实验记录』

将实验数据填入表 4-16。

表 4-16　实验数据记录表

气体体积浓度	4.50%	4.60%	4.80%	5.00%	4.95%	4.90%	爆炸下限
是否爆炸							

『实验注意事项』

由于爆炸发生时，腔内会有废气或有毒气体产生，真空泵的排气口要接到室外。

4.2.5　液体燃烧速度测定

『实验目的』

（1）通过实验直观认识可燃液体的燃烧过程。

（2）掌握实验测量可燃液体燃烧速度的原理和方法。

（3）熟练掌握可燃液体燃烧速度的不同表示法和应用。

『实验仪器』

图 4-9 为液体燃烧速度测定装置示意图。测定时，容器和滴定管中都装满可燃液体，

液体因燃烧而逐渐下降，但可利用滴定管逐渐上升而多出的液体来补充烧掉的液体，使液面始终保持在0-0线上。记录下燃烧时间和滴定管上升的体积，即可算出可燃液体的燃烧速度。

试验样品可选乙醇、煤油等。

『实验内容』

可燃液体一旦着火并完成液面上的传播过程，就进入稳定燃烧状态。液体的稳定燃烧一般呈水平平面的"池状"燃烧形式，也有一些呈"流动"燃烧的形式。池状燃烧的燃烧速度有两种表示方法，即线速度和质量速度。

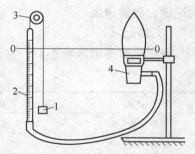

图4-9 液体燃烧速度测定装置
1—重锤；2—滴定管；3—滑轮；
4—直径为62mm的石英容器

（1）燃烧线速度 v（mm/h）：单位时间内燃烧掉的液层厚度。可以表示为：

$$v = H/t$$

式中，H 为液体燃烧掉的厚度，mm；t 为液体燃烧所需时间，h。

（2）质量燃烧速度 kg/(m² · h)：单位时间内单位面积燃烧的液体的质量，可以表示为：

$$G = g/st$$

式中，g 为燃烧掉的液体质量，kg；s 为液面的面积，m²。

（3）液体重量燃烧速度与线速度关系为：

$$G = \frac{g}{s} \times \frac{V}{H} = \rho V \times 10^{-3} \tag{4-13}$$

『实验步骤』

（1）连接好燃烧装置，检查有无泄漏、不稳固的连接等不安全状况，确定装置处于稳定状态。

（2）用量筒量取50mL可燃液体，通过小漏斗倒入滴定管内。注意水平读数，确定滴定管内液体为50mL。

（3）按照设定好的试验计划，用油笔在石英杯上量取设定体积或者设定液位高度的位置划上细线，作为刻度线1。记录设定高度值。

（4）用烧杯和量筒量取适量预定体积的可燃液体倒入石英燃烧杯中（满杯，半杯，少于半杯等），并记录所倒入可燃液体的体积 V 和石英杯内液体的高度 H。

（5）调整连通管的位置，使连通管内液位维持在距离管上端5cm左右处，管内液体在操作过程中不能泄漏。滴定管下端口插入连通管内，但不要与液面接触，保持 1～2cm 的距离。实验中，滴定管必须始终保持垂直状态且稳固。

（6）调整连通管，使管内液面在操作过程中始终保持垂直状态。

（7）用油笔在石英杯上和连通管的液面处，划上细刻度线1。

（8）测定石英杯满杯可燃液体条件下，燃烧消耗 50mL 可燃液体的理论燃烧速度 v_1，线速度，质量速度。

（9）测定石英杯半杯可燃液体条件下，燃烧消耗 50mL 可燃液体的理论燃烧速度 v_1，线速度，质量速度。

（10）测定石英杯液位下降 3.5cm 刻度线 2 时，燃烧消耗可燃液体的理论燃烧速度 v_1，线速度，质量速度。

『实验记录』

将实验数据记入表 4-17。

表 4-17　实验数据记录表

数据记录				
现象记录				
操作记录				
实验总结				

『实验注意事项』

（1）操作过程中全神贯注，不得打闹。

（2）小心仔细，不要将易燃液体沾染或泼洒在人身和衣物及实验台附近，严禁易燃液体的泼洒、溅落等泄露行为。

（3）注意燃烧杯附近不得有可燃物。如果下一个被试者用相同参数做实验，主试者在被试者准备好后，按下启动键，实验重新开始。

『思考题』

（1）不同测定方法所得液体燃烧速度是否相同，为什么？

（2）通过实验对液体燃烧速度的理解有何认识，两种表示方法应如何应用？

4.2.6　可燃物燃烧产物的烟气分析

『实验目的』

（1）明确测量烟气产物的意义，掌握烟气测量的实验原理。

（2）通过实验掌握测量燃料燃烧烟气产物的方法。

（3）熟练使用 M-9000 燃烧分析仪测量燃料燃烧过程中生成的烟气成分。

（4）通过分析燃烧过程中烟气成分随时间的变化规律，深刻认识烟气的危害。通过实验直观认识可燃液体的池火燃烧过程，理解油罐火灾的燃烧过程。

『实验仪器』

M-9000 型燃烧分析仪是一种小型便携、快速分析、测量烟气成分的新型分析仪器，可同时测量排烟温度、烟气中的氧、一氧化碳、二氧化硫、一氧化氮、二氧化氮、微压等参数；计算二氧化碳、氮氧化物、空气过剩系数 $\alpha=1$ 时的一氧化碳值，燃烧效率 η 等。表 4-18 为燃烧分析仪性能参数。

表 4-18　燃烧分析仪性能参数

主要性能参数	测 量 范 围
氧（O_2）/%	0~25
一氧化碳（CO）	0~4000×10^{-6}
二氧化硫（SO_2）	0~5000×10^{-6}
一氧化氮（NO）	0~1000×10^{-6}
室温（T_0）/℃	−20~50
温差（ΔT）/℃	0~600

主要性能参数	测量范围
压力 $\Delta p/Pa$	$0\sim6000$
CO $(\alpha=1)/\%$	$0\sim9999\times10^{-4}$
二氧化碳（CO_2）/%	$0\sim20$（计算值）
二氧化氮 $NO_2/\%$	$0\sim1500\times10^{-4}$（计算值）
氮氧化物 $N_xO_y/\%$	$0\sim1500\times10^{-4}$（计算值）
燃烧效率 $\eta/\%$	$0\sim99.9$（计算值）
过剩空气系数 α	$1\sim20.00$（计算值）

『实验内容』

火灾事故中，烟气是致人死亡的主要元凶，可达火灾死亡人数的 50%~80%。燃料燃烧时，会释放出大量的烟气，烟气中含有大量有毒有害的气体，如 CO、N_xO_y、SO_2 等，同时消耗大量的氧气，造成环境缺氧。当烟气中的含氧量低于正常所需的数值时，人的活动能力减弱，智力混乱，甚至晕倒窒息；当烟气中含有各种有毒气体的含量超过人正常生理所允许的最低浓度时，就会造成中毒死亡。CO 气体极易与血液中的血红蛋白结合，使血红蛋白失去携氧功能，导致细胞缺氧中毒；NO 气体对中枢神经系统有明显损害，且易引起高铁血红蛋白症；NO_2 气体有很强的刺激性，易引起肺损伤；SO_2 气体呈酸性，对呼吸道有刺激性，易引起呼吸道疾病。

同时，烟气的减光性影响人员的安全疏散和火灾的施救，导致人的直视距离急剧缩短，使人员迷失方向，心理上产生恐慌。不同燃料的燃烧，释放出的烟气成分也不同，火灾危险性也随之不同，相应的安全疏散、人员逃生和消防救援等措施的实施也必然不同。此外，在燃烧过程中，烟气成分还会随着时间的推移而改变，点燃、燃烧和熄灭等各个阶段的产物成分会有所改变。

明确了解烟气成分，不仅能够准确掌握各种燃料燃烧时释放出的产物组成，有助于对燃料燃烧过程的理论研究，还对火灾事故中的安全疏散、人员逃生和消防救援等多方面的指导给予更为安全的实际参考，具有非常大的理论意义和实际意义。表 4-19 给出了人体对几种气体的耐受极限值。

表 4-19 几种气体耐受极限值

有害环境和气体	环境中最大允许浓度	致人麻木极限浓度	致人死亡极限浓度
O_2	—	0.1	0.06
CO_2	5000×10^{-6}	0.03	0.1
CO	50×10^{-6}	2000×10^{-6}	13000×10^{-6}
NO_2	5×10^{-6}	—	$(240\sim775)\times10^{-6}$
SO_2	5×10^{-6}	—	$(400\sim500)\times10^{-6}$

『实验步骤』

1. 仪器准备

（1）检查实验仪器是否完好，开启计算机，打开操作软件，并新建一个文件。

（2）打开通风设施。

（3）准备及开启。安装取样探头，将取样探头置于空气中。按开关 ON/OFF 键开启仪器。

（4）自校。按"△"或"▽"键选择"自校"或"功能选择"，按"OK"键确定。光标指向自校时，按"OK"键，仪器就进入自校状态，采用倒计时来计量。自校时间为 1min。自校完成后仪器进入测量状态。

（5）功能选择。当光标指向"功能选择"时，按"OK"键，仪器将进入"功能选择"菜单。在功能选择菜单内可对仪器参数和功能进行选择和设定。

（6）测量。自校完成后仪器进入测量状态。燃烧仪显示屏可直接读出氧、一氧化碳、二氧化硫、一氧化氮及烟温度等测量参数的实时测量值。

2. 样品准备

（1）测量燃烧容器的尺寸：顶端直径 d_1，底端直径 d_2，高度 h_0，如果形状特殊，需记录特殊尺寸，记录数据应能计算出不同体积液体的体积。

（2）用量筒量取 200mL、300mL 燃料置于燃烧器内，测量液面直径 d，液面深度 h_1，液面至容器顶端深度 h_2。

（3）安装取样探头，用自制点火器蘸少量酒精，火柴点燃。点燃燃料，注意施焰时间，点燃后撤离点火器。记录点燃时间 $t_{点燃}$。点燃的同时开启数据同步采集。开始点火至燃料着火即为该燃料的点燃时间。

（4）调节取样探头高度正好位于火焰上方的烟气内，当火焰稳定后，将探头使用铁架台或其他支撑材料固定住，记录探头高度 H。

（5）燃料燃烧的同时计算机同步记录燃烧烟气中成分变化情况。仔细观察燃烧现象并记录特殊现象 No. 1、No. 2、…及对应的时间点 t_1、t_2、…，如火焰颜色的变化、火焰高度的改变、火焰形状、烟气颜色、火焰突然增大的时间点、火焰突然减小的时间点等，并根据现场情况解释可能的原因。

（6）本次实验结束，换另一种燃料重复做实验，注意观察燃烧现象特别是释放出的烟气的不同，同时做记录。

（7）实验结束，停止采集数据。

（8）关闭烟气分析仪。关闭通风，水电等。

『实验记录』

将实验数据记入表 4-20。

表 4-20　实验数据记录表

燃料名称		混　合　油			
燃烧器顶端直径 d_1		燃烧器底端直径 d_2		燃烧器高度 h_0	
液面直径 d		液面深度 h_1		液面至容器顶端深度 h_2	
点燃时间 $t_{点燃}$		探头高度 H		火焰高度	

续表 4-20

燃烧现象及烟气变化记录				
t_1	No. 1		分析原因	
t_2	No. 2		分析原因	
t_3	No. 3		分析原因	
t_4	No. 4		分析原因	
t_5	No. 5		分析原因	
t_6	No. 6		分析原因	

实验总结：

『实验注意事项』

（1）当仪器连续测试超过 1h，请将仪器取样管与脱水器进口脱开，使仪器抽吸空气约 10min，这样可以延长传感器的寿命，同时还可以对仪器进行自校，以保证测量数据精确。

（2）仪器在使用中注意对脱水器进行检查，及时排除脱水器中冷凝水。

（3）脱水器还具有除尘、过滤的作用，因此必须注意观察一旦滤芯污染、堵塞应及时排水或更换滤芯。

（4）仪器在使用过程中，不可使探头浸入液体，吸入仪器。对被测气中含有大量水分的烟气，仪器进气口最好能再增加脱水装置。液体进入仪器会造成传感器失效。远离火源，预防喷溅和沸溢。

『思考题』

对实验结果进行分析，并提出燃烧产生的烟气的治理办法。

4.2.7　常见消防器材的使用

『实验目的』

学习干粉灭火器、手提式二氧化碳灭火器、手提式水基型灭火器的使用范围及方法，以及维修保养的知识。

『实验仪器』

手提式干粉灭火器，手提式二氧化碳灭火器，手提式水基型灭火器，打火机，废纸，铁盆。

『实验内容』

学习使用手提式干粉灭火器，手提式二氧化碳灭火器，手提式水基型灭火器。

『实验要求』

（1）由教师讲解 3 种灭火器的使用方法及注意事项，有条件的话可以使用多媒体给学生放映相关视频动画资料。

（2）同学进行参观学习，并记录相关重要细节。

（3）教师带领同学到符合试验条件的空旷场地，同学以小组为单位准备参观。

（4）教师配合同学将燃烧的纸张放入盆内，并由教师亲自演示 3 种灭火器的使用过程。

（5）手提式干粉灭火器的使用步骤：将灭火器提到距火源适当距离后，先上下颠倒几次，使筒内的干粉松动，然后让喷嘴对准燃烧最猛烈处，拔去保险销，压下压把，灭火剂便会喷出灭火。

（6）手提式二氧化碳灭火器的使用步骤：将灭火器运到火场距燃烧物 5m 左右，拔出保险销，一手握住喇叭筒根部的手柄，另一只手紧握启闭阀的压把，灭火剂便会喷出灭火。

（7）手提式水基型灭火器的使用步骤：使用时先拔出保险销，按下压把，泡沫立即喷出，将喷嘴对准火焰根部横扫，迅速将火焰扑灭。

（8）学生按小组排序，在教师的监督下轮流进行实验。

（9）实验结束后，清理实验现场，并检查确认没有安全隐患后，教师将学生带回教室。

（10）由教师讲解各种灭火器的保养方法，并指导学生完成实验报告。

『实验记录』

将实验数据记入表 4-21。

表 4-21　数据记录表

实验仪器	扑灭火所需时间/min

『安全注意事项』

（1）本实验必须在教师监督下进行，不得由学生擅自进行实验。

（2）本实验需在室外空旷场地进行演示，且要远离花草树木等可燃性物体。

『思考题』

（1）我国常用的灭火器材主要有哪些，他们的功能有什么区别？

（2）影响实验结果的重要因素还有哪些？

第 5 章 产品安全实验

【本章学习要点】

产品安全是安全工程专业的新兴领域，产品缺陷会带来人身伤害财产损失，针对产品的特殊性，设计相关实验进行产品可靠度的测试。本章主要介绍产品安全基本检测实验、电气安全实验、锅炉压力容器安全实验等内容。

5.1 产品安全基本检测实验

5.1.1 超声波探伤实验

『实验目的』

（1）掌握超声波探伤的原理与方法。

（2）学会使用 SB-300 型数字式超声波探伤仪，并能对缺陷进行定性定量分析。

『实验仪器』

本实验主要使用 SB-300 型数字式超声波探伤仪，CSK-Ⅰ型，CSK-Ⅲ型标准试块，超声波的斜探头，直探头。

『仪器工作原理』

超声波探伤技术，就是利用超声波的高频率和短波长所决定的传播特性，即：

（1）具有束射性又叫指向性，如同一束光在介质中是直线传播的，可以定向控制。

（2）具有穿透性，频率越高，波长越短，穿透能力越强，因此可以探测很深尺寸大的零件。穿透的介质越致密，能量衰减越小，所以可用于探测金属零件的缺陷。

（3）具有界面反射性、折射性，对质量稀疏的空气将发生全反射。声波频率越高，它的传播特性与光的传播特性越接近。超声波的反射、折射规律完全符合光的反射、折射规律。

利用超声波在零件中的匀速传播以及在传播中遇到界面时发生反射，折射等特性，即可以发现工件中的缺陷。因为缺陷处介质不再连续，缺陷与金属的界面就要发生反射。如图 5-1 所示，超声波在工件中传播，没有伤时，声波直达工件底面，遇界面全反射回来，如图 5-1（a）所示。当工件中有垂直于声波传播方向的伤，声

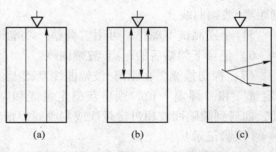

图 5-1 超声波在工件中的传播形式

波遇到伤界面也反射回来，如图 5-1（b）所示。当伤的形状和位置决定界面与声波传播方向有角度时，将按光的反射规律产生声波的反射传播，如图 5-1（c）所示。

『实验步骤』

（1）接通仪器电源，仪器自动进入"检测"功能画面。

（2）按"↓"键，推出"参数曲线"功能，进入"选择"，输入待用探头编号。

（3）参数预置：按"←"键，光标进入左侧参数窗，或按"——"键盘进入参数表格。参数预置包括材料声速、工件厚度、探头 K 值、探头频率、校准参数等。

材料声速：直探头设为 5940.00m/s，斜探头设为 3240m/s。

（4）探头入射点校准（以斜探头为例）：

1）准备好 CSK-Ⅰ型试块和斜探头。

2）设置"标准参数"为 100mm，选择 S 坐标。

3）预测试：推出"校准"菜单，在"扫查"前有一闪烁光标，按认可键进入，移动探头，找到 R_{100} 的反射波，调节闸门功能键套住 R_{100} 的反射波，用自动增益功能键使回波幅度保持在满刻度的 60%左右，探头不动，按认可键。

4）入射点校准：光标移至"校距离"前，按认可键进入；轻微移动探头，找到最大反射波，按认可键退出。

5）入射点校准完成后，保持探头位置不变，用米尺量出探头前沿到 R_{100} 弧端点间的距离 R_p，用 $R_{100}-R_p$ 的值置入"前沿"参数中。

（5）斜探头 K 值校准：

1）准备好 CSK-Ⅰ型试块和斜探头。

2）"标准参数"设为 15mm，选择 H 坐标。

3）预测试与入射点校准相似，是为 15mm 深的人工孔的反射波。

4）光标移至"校 K 值"前，按认可键进入，轻微移动探头，找到 15mm 人工孔的最大反射波，按自动增益功能键使闸门内回波调到满刻度的 60%左右，按认可键退出 K 值校准。K 值校准完成，此时 $K=$_____。

（6）制作斜探头的距离-波幅曲线：

1）准备好 CSK-Ⅲ型试块和斜探头。

2）"材料声速"设为 3240m/s，选择 H 坐标。

3）推出"参数曲线"功能，进入"选择"，输入探头编号 1~10 有效。

4）进入"测试"功能，输入测试点 3~9 个，按认可键。将探头在测试点附近移动，找到该点最大回波，并记录下来，按认可键完成一个点测试。当测试点全部完成，即可得到距离-波幅曲线。

5）个别测试不理想，可用"调整"功能进行微调。

6）记录下调整后的距离-波幅曲线。

（7）探伤检测。在距离-波幅曲线基础上，根据不同工件，按有关标准设定"判废"、"定量"和"评定"值，则可获得定量线和判废线。记录下相关曲线。探头在工件上移动，如遇到缺陷回波超过定量线或判废线，则发出报警声，说明工件需要维修或报废。

『实验记录』

（1）探头前沿到 R_{100} 弧端点间的距离 R_p，即 $R_p=$_____ mm。

（2）K 值校准，$K=$_____。

（3）制作斜探头的距离−波幅曲线，曲线如下：

（4）在距离−波幅曲线基础上，根据不同工件，按有关标准设定"判废"、"定量"和"评定"值，则可获得定量线和判废线，记录下相关曲线，曲线如下：

『实验注意事项』

（1）仪器使用前需零点校正。

（2）为保证精确度，使用时需进行 K 值校正与定量校正。

『思考题』

通过试样上人工伤的探测实验，对探伤仪的最小灵敏度该怎样理解，什么是灵敏度？

5.1.2　磁粉探伤实验

『实验目的』

（1）掌握磁粉探伤的基本原理和基本方法。

（2）掌握磁粉探伤机的操作方法。

（3）掌握磁悬液的配置方法。

（4）掌握标准缺陷试块综合性能实验。

『实验仪器』

本实验主要用的仪器有 CED-3000 型移动式直流磁粉探伤机，带有自然缺陷的试块，试验用磁粉，喷水壶，砂纸或打磨机，放大镜，手电筒及备用电池等。

磁粉检测的基础是缺陷的漏磁场与外加磁粉的磁相互作用，及通过磁粉的聚集来显示被检工件表面上出现的漏磁场，根据磁粉聚集形成的磁痕的形状和位置，分析漏磁场的成因和评价缺陷。如果工件表面存在细小缺陷，工件被磁场磁化时，将在缺陷处产生漏磁场。若在工件上均匀撒上磁粉或磁悬液，则在缺陷处由于漏磁场的作用，磁粉向磁力线最密集处移动。磁粉在漏磁场处堆积形成磁痕，通过痕分析则可知道工件表面是否存在缺陷以及缺陷的大小及性质。由于缺陷的漏磁场有被实际缺陷本身大数十倍的宽度，因此磁粉被吸附后形成的磁痕能够放大缺陷。通过分析磁痕评价缺陷，即为磁粉检测的基本原理。

磁粉检测的方法局限于能显著磁化的磁性材料及由其制作的工件表面与近表面缺陷。

『实验步骤』

（1）工件表面预处理：采用打磨机或砂纸清除掉工件表面的防锈漆，使待检工件表面平整光滑，以使探头能和工件表面良好接触。

（2）将电源电缆的插头插入仪器电源插座，将电缆的单相头插入电网配电板。

（3）磁膏充分溶化于适量水中，并搅拌均匀，按比例配置磁悬液，装入喷撒壶待用。

（4）使探头和被检工件表面接触好，用喷水壶将磁悬液均匀地撒在标准试件上，按下充磁按钮，充磁指示灯亮，表示工件正在磁化。

（5）将试件放置于一块铁板上，并在探伤机上选择检测方法交流或直流，连接电缆线，插上远程控制线。

（6）将输入电缆线接到相应的配电装置。打开电源开关，选择恰当的充磁或退磁电流。将控制支杆用力压住实验用电板，开始滤磁。

（7）沿工件表面拖动探头，重复上述方法。行进一段距离后，用放大镜在已检工件表面仔细检查，寻找是否有磁痕堆积，从而评判缺陷是否存在。

（8）将试件退磁。

『实验记录』

沿工件表面拖动探头，重复上述方法。行进一段距离后，用放大镜及手电筒，在已检工件表面仔细检查，寻找是否有磁痕堆积，从而评判缺陷是否存在。对怀疑有缺陷处，应该对表面清洁后，重新检测多次，并记录试件的磁痕图形。

『注意事项』

（1）工件表面必须清除干净，务必无毛刺、无锈斑，光滑平整，保证工件和探头的良好接触。

（2）磁膏溶解充分。

（3）磁痕检查必须仔细，防止错判、漏判或误判。

『思考题』

（1）磁粉探伤基本原理是什么？

（2）影响磁粉探伤灵敏度的因素有哪些？

5.1.3 氨检测技术实验

『实验目的』

（1）掌握氨测定仪的工作原理、产品类型和应用范围。

（2）掌握氨测定仪正确的使用、维护方法。

『实验仪器』

实验仪器有 GDYQ-301S 现场氨测定仪，去离子水或蒸馏水；液体氨试剂一，液体氨试剂二，必须在冰箱中 4℃ 下避光保存。

本实验采用 GDYQ-301S 现场氨测定仪。该测定仪广泛应用于居住区、居室空气、室内空气、公共场所、养殖场、肥料制造厂、垃圾处理厂、烫发场所、原料场，样品工艺过程及生产车间和生活场所中氨的现场定量测定。

该仪器基于被测样品中氨与显色剂反应生成黄色化合物对可见光选择性吸收而建立的比色分析法。仪器由硅光光源，比色瓶，集成光电传感器和微处理器构成，可直接在液晶屏上显示出被测样品中氨的含量。

『实验步骤』

（1）打开铝合金携带箱，取出空气采样仪和气泡吸收管支撑架，将气泡吸收管支撑架挂在空气采样仪进气口和出气口的不锈钢管上，然后将气泡吸收管插入固定架中。

（2）用乳胶管连好大气采样仪的管路。气泡吸收管的出气口侧端与缓冲瓶轴向端口用粗胶管连接，缓冲瓶另一端则与采样仪进气口用细胶管连接，使连接口不漏气。

（3）将空气采样仪固定到铝合金三脚架上，空气采样仪距离地面高度通过三脚架上的旋钮可自由上下调节。

（4）打开圆柱形比色瓶1的瓶盖，加水至刻度线 10mL。

（5）取氨试剂管一（一支），用剪刀剪开氨试剂管一端口，将氨试剂管一插入比色瓶1溶液中，反复捏压氨试剂管一大肚管底部，使氨试剂管中液体试剂全部转移到比色瓶1中。

（6）盖上比色瓶1胶塞，摇动使试剂溶解。

（7）取下气泡吸收管的进气口磨口塞，插入支撑架上的圆孔中。

（8）将比色瓶1中的溶液全部倒入气泡吸收管中，然后将气泡吸收管进气口磨口塞插入气泡吸收瓶中，用橡皮筋固定，防止漏气。

（9）打开采样仪电源开关，调节采样仪的采样时间（根据采样地点的氨浓度而定）和采样气体流量0.5L/min或1.0L/min。根据采样仪的采样时间、气体流量、采样时的温度和压力，计算出采样体积。

（10）试剂空白：采样停机前，打开圆柱形比色瓶2的瓶盖，加水至刻度线10mL。用剪刀剪开氨试剂管一端口，将氨试剂管一插入比色瓶2溶液中，反复捏压氨试剂管一，使氨试剂管中液体试剂全部转移到比色瓶2中，塞上胶塞，摇动使试剂溶解。

（11）样品：采样停机后，断开气泡吸收管出口的乳胶管，取下气泡吸收管进气口磨口塞，从采样仪支撑架上取下气泡吸收管。

（12）将气泡吸收管中溶液全部转移到比色瓶1中，如果吸收液低于比色瓶1刻度线，加水补充到刻度线10mL，装上胶塞。

（13）用剪刀分别剪开两支氨试剂管二的端口，将管中溶液分别滴入比色1和比色瓶2中，然后盖紧胶塞，摇动10s。

（14）用软纸擦净比色瓶1与2的外壁，旋紧比色瓶定位器，将比色瓶2空白放入氨测定仪比色瓶槽中锁定。

（15）室温下放置10min后，按"调零"键，液晶屏上出现"0.00"时，表示以试剂空白调零已完成。

（16）取下比色瓶2，将比色瓶1样品，放入比色槽中锁定。然后按"浓度"键，根据液晶屏上显示的数值（mg/L）和采样体积，计算空气中氨浓度（mg/m³）。

『实验记录』

同温度下不同压力时空气中氨浓度计算

$$C = \frac{C_0}{V_0} \times 10 = \frac{C_0}{V_t \times \frac{273}{273+t} \times \frac{p}{101.3}} \times 10 \tag{5-1}$$

式中　C——空气中氨浓度，mg/m^3；

C_0——氨测定仪显示值，mg/L；

V_0——标准状态下的采样体积，L；

p——实验现场的大气压，kPa；

V_t——大气压为p的采样体积，L。

根据仪器所测结果，与国标限量进行比较，判断出空气中氨是否超标。空气中氨国标限量标准为0.2mg/m^3。

计算结果 $C=$_____。

『实验注意事项』

（1）所用玻璃器具必须用离子水或蒸馏水清洗干净。

（2）加入试剂后，盖上橡胶塞充分摇动，使试剂混合均匀。

（3）比色瓶插入比色槽前，必须用软纸或棉布擦净比色瓶表面。

（4）比色瓶插入比色槽时，必须用比色瓶定位器锁定比色瓶，并防止杂散光进入。

『思考题』

简述本实验所运用的实验方法。

5.1.4　管道检漏实验

『实验目的』

（1）查找供水管网的漏水点。

（2）查找其他压力管道的泄漏点。

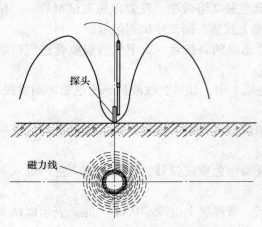

图 5-2　实验原理示意图

『实验仪器』

本实验所用的仪器为 HL5000 漏点探测仪。

HL5000 漏点探测仪采用计算机处理技术来减弱环境噪声对漏水探测的影响，通过抑制间断性噪声的干扰，达到尽可能只显示作为最小值的稳定噪声（如由漏水管道产生的噪声）的测量目的（图 5-2）。HL5000 漏点探测仪具有非金属管道探测模式，如果利用 RSP3 脉冲发生器产生脉冲信号，可用于定位非金属管道。HL5000 漏点探测仪的另一个重要功能是噪声连续监听功能，可以在 LCD 液晶屏上以图形形式显示测量噪声随时间变化的过程。

『实验步骤』

（1）连接耳机和探头。在开启主机前，先连接好耳机和探头，关机时顺序相反。一定要在关掉设备后再拔掉耳机和探头。

（2）开机。按下开关键开启主机后，出现带有版本和电池状态信息的初始画面图 5-3。几秒钟后初始画面消失，显示操作菜单图 5-4。菜单内的参数设置保持上次关机前的设置状态。

图 5-3　HL5000 漏点探测仪的开机画面

（3）显示噪声测量值。柱状图同时显示采集到声音的瞬时值和最小值。如图 5-5 所示，宽条表示最小量值。漏水噪声的特性是稳定连续的，在测量中以最小值形式出现。所显示的最小测量值受间断式噪声干扰的程度极低，从中可以获得理想的漏水声的信息。按下静音键后，可重新计算最小值。

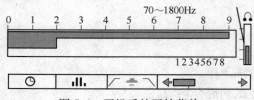

图 5-4　开机后的开始菜单

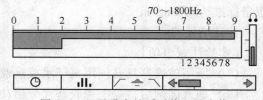

图 5-5　显示噪声的瞬时值和最小值

（4）静音键。在移动探头前，需要先按下静音键，这样可以切断耳机中的声音，避免听觉受损，并能固定显示瞬时噪声值。重新放好探头，再次按下静音键后，将开启耳机声音，更新瞬时值，重新计算最小值。

『实验记录』

记录仪器采集到的声音瞬时值和最小值。

记录仪器显示噪声随时间变化过程。

『实验注意事项』

（1）应尽量减少环境噪声干扰。

（2）关机时先关闭设备，再拔下耳机和探头。

『思考题』

简述 HL5000 漏点探测仪的工作原理。

5.1.5 管道防腐层泄漏检测实验

『实验目的』

（1）了解 SL-6 地下管道防腐层探漏仪的工作原理，掌握该设备的操作方法。

（2）熟练掌握仪器的使用方法与操作要点，进行压力容器与管道的安全检查，找出管道（含地下管道）与容器可能存在的缺陷，并判断其类型。

（3）分析管道（含地下管道）可能存在的不安全因素的原因及可能采取的应对措施。

『实验仪器』

（1）SL-6 地下管道防腐层探漏仪 1 台。

（2）发射机 1 台。

（3）探测仪 1 台。

（4）12V 直流电源，探头 1 根，金属手表 2 只，耳机 2 只，检漏线 1 根，输出线 1 付，接地棒 2 根，保险丝 1A2 只，磁铁 1 只，220V 电源线 1 根，接收机充电器 1 只。各种压力管道等。

『实验仪器工作原理』

当地下管道防腐绝缘层被腐蚀后，该处金属部分与大地相短路，在漏点处形成电流回路，将产生漏电信号向地面辐射，在漏点正上方信号最大。检漏仪将接收到该信号。

本实验采用"人体电容法"，以人体作为检漏仪的感应元件，向地下管道发送电磁波信号。但地下管道防腐层破坏时，该处金属部分将发生短路，产生漏点信号向外辐射，位于漏点正上方的辐射信号将最强。根据这一原理查找埋地管道的漏蚀点，判断其损伤程度或范围，确定可以采取的补救措施。进一步精确定点：在埋地钢管防腐层破损点上方的地面上，漏电电位有一定的地域分布，在几米的范围内检漏仪均会有反应，可用横向法进一步定点。可将检漏仪的一根线接在管道旁边的大地上，设为零电位，另一人拿检漏仪沿管线移动，检漏仪的示值将由小变大，又由大变小，示值最大处就是防腐层破损点的正上方。

『实验步骤』

1. 发射机的操作

（1）电源电压检查。将 12V 电池组插头插上发射机 12V 输入插孔，此时发射机总电源开关处于关机状态，数字表头自动显示电池电压，电压应不低于 12V，否则充足电后使用。

（2）交流电源供电。发射机插上 220V 输入插座，按下电源开关，指示灯亮，仪器内部自动转换成稳压供电。

（3）发射机的连接。先将"阻抗匹配"调到空挡"0"，然后将发射机的输出线插入发射机后面的输出插座，5m 输出线上鱼夹接到被查管道的阴极保护检查桩上，若没有桩，可接在阀门或露出地面的管道上，另两根接地线插入手枪式插孔与管道方向各成 90° 放开，接地鱼夹夹在接地棒上，打入地下 1m 左右该处应较潮湿，接地电阻应小于 5Ω，方可正常工作。

（4）阻抗匹配选择。按下发射机的电源开关，电流 A 指示灯亮，数字表头自动显示本机静态电流应 ≤0.3A，阻抗匹配需在"0"挡，"阻抗匹配"旋钮由最小位置逐渐调节，使电源 A 读数 ≤3.0A，输出功率为最佳。

（5）输出功率调节。"阻抗匹配"调好后，可再由大到小调节，使 A 表头在 1~3A 之间，可改变输出功率约为 5~25W 左右，即可作 0.05~5km 长短距离测试，以使节约电能。

注意：①若 10m 输出线上的鱼夹无法接到管道上，可用仪器所配的连接磁铁进行连接，先将连接磁铁吸在阀门或裸露的管道上，然后将鱼夹夹在连接磁铁上即可。

②当多条管线的一端相连时（如联合站处）对管线进行测量，应尽量从非连接端加载信号，这样测量效果较为理想，其连接方式如图 5-6 所示。

③当连续两根管道或两根以上管道排列向前时，间距不能小于 1m，管与管之间不能有金属导体相连接，输出线连接周围更不能有短路，接触不良，绝缘防腐层大量老化脱落，无防腐层等现象，否则发射机功耗特别大，测试距离将会很近。

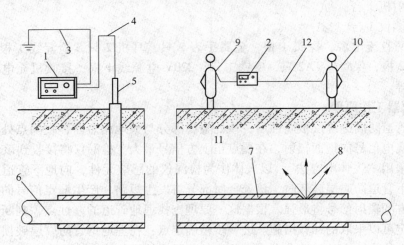

图 5-6　探测仪

1—发射机；2—检漏仪；3—接地线；4—输出线；5—阴极保护桩；6—地下管道；7—防腐层；
8—防腐层泄漏点；9—检漏员 1；10—检漏员 2；11—土壤；12—检漏线

2. 探测仪操作

（1）电压检查。按下探测仪的电源开关，机内电源接通，电压应在 6~6.5V 范围内，方可通电工作，否则应充电后再用。

（2）探测管向。将探头的探棒拉伸到最佳长度，顺时针旋紧螺杆，使之稳固操作，反之，可收缩存放，插头插入探测仪插孔内，探头垂直地面，离发射机 30m 远处发射机已开，围绕发射机旋转，当探测仪出现"嗒！嗒！嗒！"声时，此声由大变小，再由小变大，在声音最小处即为管道正上方，工作人员背向发射机的方向即为管道走向。

（3）探测深度。埋土深度测定见图 5-7。首先将探头垂直地面找到管道正上方 A 点并标记，然后将探头与地面成 45° 倾角向一侧平移，所以 $AO = BO$，即为埋土深度。

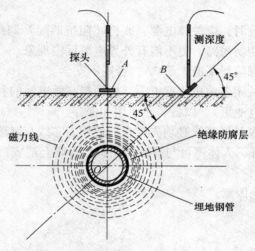

图 5-7 探测深度示意图

（4）射程判别。当工作人员距发射机已相当远时，探测仪"增益"旋钮已调节到最大数字 10，将探头与地面平行并与管道正上方位置成 90°，此时若喇叭声音很小，表头读数仅有 2~3 格，即说明已到发射机射程终点，应将发射机移到附件的阴极保护桩或单管阀门处继续向前测试。

3. 检漏仪操作顺序

（1）电源检测。方法和探测仪操作顺序（1）相同。

（2）检漏准备。两位工作人员同时戴好金属手表，插入检漏仪的屏蔽信号线前面的人拿探测仪测深度，后面的人拿检漏仪准备检漏，检漏线的鱼夹必须与金属表带及人体接触良好，也可直接将鱼夹捏在手上。

（3）静态调节。准备工作做好后，二人成纵队沿管道走出离发射机米左右后两人之间应相距 3~6m 左右，调节"增益旋钮"，保持检漏仪有一点静态信号，使表头有 2~3 格读数，且应听到清晰而又不太响的"嗒！嗒！嗒！"声音。

（4）检漏操作。二人成纵队沿管道走向行走时，若表头指示、喇叭声都不变，说明无漏蚀情况，当听到声音和看到表头指示都明显增大，说明前面的人已走到漏蚀处，继续前进声音和表头指示又小下来，当第二个人走到该处时又发生同样变化，经几次验证，变化一样，这就证明该处有漏蚀点，并记下标记。

4. 在钢筋水泥路面下面的管线的探测

当接收机的信号明显消失以及信号扩展到更大的区域且在地面上会接收到混淆不清的信号时，可能是管线上方有钢筋网，它们会吸收并且再辐射信号，此时，可将接收机提起

0.5m，将灵敏度调低，但应有一点静态信号，表头对来自目标管线的信号会有响应而且不受混凝土浅层中钢筋辐射信号的影响，然后继续追踪。

『实验记录』

记录漏蚀点深度及位置坐标。

『注意事项』

（1）各单机电源极性不可接反，充电时必须弄清正负极性、电压标准等，切不可乱接乱动。

（2）发射机在接负载时，应关掉电源，或将"阻抗匹配"调到最小位置"0"。

（3）发射机输出端切勿短路，更不能有外界电源反输现象。

（4）发射机的电源保险丝不准大于3A，否则不安全。

（5）不工作时，应关闭各单机所有电源，以便提高蓄电池的利用率。若长期不同，每月应充电一次（所有蓄电池组），以备长年使用和保存。

（6）工作时，检漏仪长屏蔽线必须先检查后使用，芯线与屏蔽层切不可短路相碰。金属部分要与人体接触良好，人体不可与屏蔽层相碰，否则会造成检漏仪失灵。

『思考题』

简述探测距离的影响因素。

5.1.6 涡流探伤实验

『实验目的』

（1）了解涡流探伤的基本原理；

（2）掌握涡流探伤的一般方法和检测步骤；

（3）熟悉涡流探伤的特点。

『实验仪器及工作原理』

1. EEC-35/RFT 涡流检测仪简介

EEC-35/RFT 智能全数字式多频远场涡流检测仪是新一代涡流无损检测设备。它采用了最先进的数字电子技术、远场涡流技术及微处理机技术，能实时有效地检测铁磁性和非铁磁性金属管道的内外壁缺陷。EEC-35/RFT 既是一套完整的远场涡流检测系统，也可与常规的多频、多通道普通涡流检测系统融为一体，组为高性能、多用途、智能化的涡流检测新型设备。

EEC-35/RFT 由于具备了4个相对独立的测试通道，可同时获得2个绝对、2个差动的涡流信号。仪器可通过软开关切换成2台二频二通道的涡流检测仪，同时连接2只探头进检测。具有 5Hz~5MHz 的可变频率范围，因此 EEC-35/RFT 特别适用于核能、电力、石化、航天、航空等部门在役铜、钛、铝、锆等各种管道、金属零部件的探伤和壁厚测量，以及各种铁磁性管道的探伤、分析和评价，如锅炉管、热交换器管束、地下管线和铸铁管道等的役前和在役检测。EEC-35/RFT 具有可选的多个检测程序，采用同屏多窗口显示模式，同屏显示多个涡流信号的相位、幅度变化及其波形的情况。多个相对独立的检测通道，有多达3个混频单元，能抑制在役检测中由支撑板、凹痕、沉积物及管子冷加工产生的干扰信号，去伪存真，提高对涡流检测信号的评价精度。且由于采用了全数字化设计，能够在仪器内建立标准检测程序，方便用户现场检测时调用。此外，仪器还具有组态分析功能，能够用于金属表面硬度硬化深度层深等的检测及材料分选。

2. 涡流检测原理

涡流检测是以电磁感应为基础的，它的基本原理可以描述为：当载有交变电流的检测线圈靠近导电试件时，由于线圈中交变的电流产生交变的磁场，从而试件中会感生出涡流。涡流的大小、相位及流动形式受到试件导电性能等的影响，而涡流的反作用磁场又使检测线圈的阻抗发生变化。因此，通过测定检测线圈阻抗的变化，就可以得出被测试件的导电性差别及有无缺陷等方面的结论。

（1）产生涡流的基本条件。

变化着的磁场接近导体材料或导体材料在磁场中运动时，由于电磁感应现象的存在，导体材料内将产生旋涡状电流，这种旋涡状的电流叫涡流。同时，旋涡状电流在导体材料中流动又形成一个磁场，即涡流场（图5-8）。

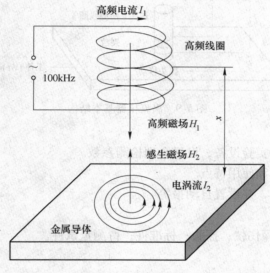

图 5-8　涡流信号图

如图5-8所示，线圈中通以交变电流 i，线圈周围产生交变磁场，因电磁感应作用，在线圈下面的导体试样中同时产生一个互感电流，即涡流 i_E。随着原磁场 H 周期性交互变化，产生的感应磁场（或称互感磁场）即涡流磁场 H_E，也呈周期性交互变化。由电磁感应原理可知，感应磁场 H_E 总要阻碍原磁场 H 的变化；即当原磁场 H 增大时，感应磁场 H_E 也要反向增强；反之亦然，最终达到原磁场 H 与感应磁场 H_E 的动态平衡。通俗地说，感应磁场 H_E 总是要阻碍原磁场 H 的改变，以便维持相对的动态平衡。当检测线圈位于导体的缺陷位置时，涡流在导体中的正常流动就会被缺陷所干扰。换句话说，导体在缺陷处，其导电率发生了变化，导致涡流 i_E 的状况受到了影响，感应磁场 H_E 随之发生变化，这种变化破坏了原来的平衡（即 H 与 H_E 的动态平衡），原线圈立刻会感受到这种变化。即通过电流 I 反馈回来一个信号，称为涡流信号。这个涡流信号通过涡流仪拾取、分析、处理和显示、记录，成为对试件进行探伤、检测的根据。实际上，除导体存在缺陷可引起涡流变化外，导体的其他性质如电导率、磁导率、几何形状…等的变化，也会影响导体中涡流

H_E 的流动。这些影响都将产生相应的涡流信号。因此，涡流不仅可以用来探伤，且可以用来测量试样的电导率、磁导率、几何形变或几何形状，以及材质分选等。

（2）涡流仪器的基本结构。

根据电磁感应的互感原理，只有两个导体之间才能产生互感效应。故产生涡流的基本条件是：能产生交变激励电流及测量其变化的装置，检测线圈探头和被检工件导体。通常受检工件包括金属管、棒、线材，成品或半成品的金属零部件等。涡流仪器基本结构如图 5-9 所示，它是一个最基本的涡流仪器示意图。检测线圈拾取的涡流信号可由线圈的感抗变来表示。

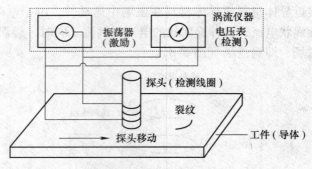

图 5-9　涡流仪器基本结构

『实验内容』

（1）熟悉涡流探伤实验设备，设置合理检测参数。

（2）了解探头结构和使用特点。

（3）检测试块缺陷，并设置自动报警。

『实验仪器』

EEC-35/RFT 涡流探伤仪；探头；标准件；待测量试件。

『实验方法』

1. 铜及铜合金无缝管的涡流探伤

（1）先用校准试样是加工有校准人工缺陷的管材，用来校准和调整探伤设备的灵敏度。校准试样应选用与被检管材牌号规格、表面状态、热处理状态相同，并无自然缺陷的低噪声管材制作。

（2）探头驱动，探头增益设置。

点击"设计"菜单中"探头驱动、探头增益设置"，按电脑键盘上"PgUp"、"PgDn"细调和"Home"、"End"粗调、设置频率、前置放大、驱动和纠偏。频率一般为探头工作频率的中间值，也可根据材料进行选择最佳经验值；前置放大一般为 15、20、25dB；绝对式点探头驱动一般设为 1~3，内、外穿探头和边缘式点探头差动式，设为 5~7。

（3）调节阻抗平衡位置。

点击"采集"菜单中"开始/结束"，把探头放在校准试样无缺陷处，不停地晃动，按电脑键盘"空格键"使屏幕中绿点处在屏幕中心。

（4）设置临界报警缺陷。

1）点击"采集"菜单中"开始/结束"，把探头缓慢的通过校准试样中的各个缺陷，在时基图中用鼠标右键选择基准缺陷。

2）点击"采集"菜单中"增益增加"和"增益减少"按钮，使基准缺陷阻抗八字图处在临界报警区域红色区域，也就是如果缺陷大于等于该基准缺陷，设备报警，否则不报警。

4）点击"采集"菜单中"左旋"和"右旋"按钮，使基准缺陷阻抗八字图的相位测量值为40deg。对于内穿探头，如果测量缺陷相位小于该值，则缺陷靠近管内壁，否则靠近外壁；对于外穿探头，与之相反。

（5）再次调节阻抗平衡位置。

点击"采集"菜单中"开始/结束"，把探头放在校准试样无缺陷处，不停地晃动，按电脑键盘"空格键"，使屏幕中绿点处在屏幕中心。

（6）工件测量。使探头缓慢扫过待测工件，若工件有大于设定的基准缺陷，设备将报警，否者通过检测。

2. 铝及铝合金板材表面裂纹的涡流探伤（同上）。

3. 钢板材表面裂纹的涡流探伤（同上）。

另外，对于点探头，晃动信号要调到水平位置。

『实验记录』

记录材料缺陷及是否通过检测，并做涡流特点分析。

『实验注意事项』

（1）严格按要求进行操作，不得损坏仪器。

（2）点探头晃动信号要调到水平位置。

『思考题』

（1）简述涡流探伤的基本原理。

（2）如何进行探头驱动、前置增益的合理选择？

（3）若用涡流探伤对裂纹大小探测可采用什么方法？

5.2 电气安全实验

5.2.1 接地电阻测量实验

『实验目的』

（1）了解接地电阻测量仪的工作原理，全面了解仪器的结构、性能及使用方法。

（2）掌握使用接地电阻表测接地电阻的方法。

（3）掌握使用接地电阻表测土壤电阻率的方法及其计算方法。

『实验仪器及工作原理』

符合规定的接地电阻是保证安全的重要条件。工业企业各种接地装置的接地电阻，至少每年测量一次。一般应当在雨季前或其他土壤最干燥的季节测量，不能在潮湿的环境或阴雨天进行测试。雨后则必须在7个晴天之后才能测试。对于易于受热、受腐蚀的接地装置，应适当缩短测量周期。凡新安装或设备大修后的接地装置，均应测量接地电阻。

本实验所用接地电阻测量仪由恒流源、放大电路、单片机、显示器组成。它的基本原理是采用三点式电压落差法。测量仪有 E、P、C 三个接线端，E 端接于被测接地体，P 端接电压极，C 端接电流极，如图 5-10 所示。

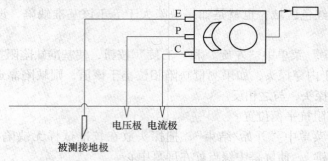

电压极　电流极

被测接地极

图 5-10　接地电阻测量仪

测量过程中，由机内 DC/AC 变换器将直流变为交流的低频恒流，经过辅助接地极 C 和被测物 E 组成回路，被测物上产生交流压降，经辅助接地极 P 送入交流放大器放大，经过检波再送入表头显示。

测量接地电阻时应将被测接地体同其他接地体分开，以保证测量的正确性。测量接地电阻应尽可能把测量回路同电网分开，有利于测量工作的安全，也有利于消除杂散电流引起的误差，还能防止将测量电压反馈到被测接地体连接的其他导体上引起事故。

实验仪器包括：接地电阻测量仪；测试线、皮尺、小锤等；电位探棒与电流探棒。

『实验内容及方法』

本实验采用接地电阻测量仪测量接地电阻及土壤电阻率。

1. 接地电阻的测量

（1）备齐测量时所必需的工具及全部仪器附件，并将仪器和电位探棒与电流探棒擦拭干净，特别是电位探棒与电流探棒，一定要将其表面影响导电能力的污垢及锈渍清理干净。

（2）使接地体脱离任何连接关系成为独立体。

（3）将两个探棒沿接地体辐射方向分别插入距接地体 10m、20m 的地下，插入深度为 400mm，见图 5-11。

（4）5m 测试线上开口叉接在仪器 E 接线柱端钮上，充电夹则夹在被测接地体 E′ 上，10m 测试线开口叉接仪器 P 接线柱端钮上，充电夹则夹住电位探棒 P′，20m 测试线开口叉接仪器 C 接线柱端钮上，充电夹则夹在电流探棒 C′ 上，并且使 E′、P′、C′ 共处同一直线，其间距为 10m。

（5）接地电阻测试仪应该平稳放置于测试接

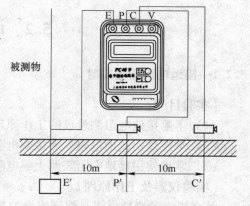

被测物

10m　　10m

E′　　P′　　C′

图 5-11　接地电阻测量方法

地体地点 3m 内，这样方便测试，检查接线头的接线柱是否接触良好，将测量仪水平放置后，置仪表"电压/电阻"按钮为"电阻"位置，电源按钮为"开"，仪器开始测量接地电阻。测量完毕，切断电源。

2. 土壤电阻率的测量

在接地技术中土壤电阻率是主要技术参数。任何接地装置的设计都需用到土壤电阻率。接地工程竣工后的检验、投运后安全性的评估也都需要这一原始数据。因此在设计初始阶段，当接地装置的所在位置确定后，即需进行土壤电阻率的测量工作，施工过程或投运后作为设计的校核也需测量土壤电阻率。

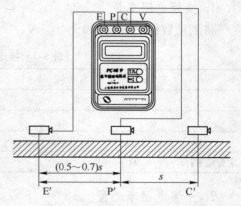

土壤电阻率是指一个单位立方体的对立面之间的电阻，通常以 $\Omega \cdot m$ 或 $\Omega \cdot cm$ 为单位。这里采用单极法测量土壤电阻率。事先加工一根垂直接地棒为 E′，一般可用直径不小于 15mm，长度不小于 1m 的焊接钢管或自来水管，将其一端加工成尖锥形或斜口形，便于在现场击入地面。测量时，首先取若干根测试线，如图 5-12 所示，5m 测试线开口叉接在仪器 E 端钮上，充电夹则夹在接地棒 E′上，10m 导线开口叉接仪器 P 接线柱端钮上，充电夹则夹在电位探棒 P′上，20m 导线开口叉接在仪器 C 接线柱端钮上，充电夹则夹在电流探棒 C′上。电流探棒 C′离开接地棒 E′的测量距

图 5-12　土壤电阻率测量方法

离 $s \geqslant 20m$，电位探棒 P′应置于距接地棒 E′$0.5 \sim 0.7s$ 处。在电流探棒 C′位置不变条件下，移动电位探棒 P′的位置，在上述区间取 $3 \sim 5$ 点，按照接地电阻测量的方法读取仪器所测电阻值，其读数平均值作为测量值。土壤电阻率按式（5-2）计算：

$$\rho = \frac{2\pi L R}{\ln \dfrac{4L}{d}} \tag{5-2}$$

式中　L——接地棒插入土中的深度，m；

$\quad\quad\ d$——接地棒的直径，m；

$\quad\quad\ R$——接地电阻值，Ω；

$\quad\quad\ \rho$——土壤电阻率，$\Omega \cdot m$。

『注意事项』

（1）接地线路要与被保护设备断开，以保证测量结果的准确性。

（2）下雨后和土壤吸收太多水分的时候，以及气候、温度、压力等急剧变化时，不能测量。

（3）被测地极附近不能有杂散电流和已极化的土壤。

（4）探测地极应远离地下水管、电缆、铁路等较大金属体，其中电流极应远离 10m 以上，电压极应远离 50m 以上。如上述金属体与接地网没有连接时，可缩短距离 1/3 ～ 1/2。

（5）注意电流极插入土壤的位置，应使接地棒处于零电位的状态。

（6）测试线应使用绝缘良好的导线，以免有漏电现象。

（7）测试现场不能有电解物质和腐烂物体，以免造成错觉。

（8）测试宜选择土壤电阻率大的时候进行，如初冬或夏季干燥季节时。

（9）随时检查仪器的准确性，每年送计量单位检测认定一次。

（10）当测量仪灵敏度过高时，可将电位探棒电压极插入土壤中浅一些，当测量仪灵敏度不够时，可沿探棒注水使其湿润。

『实验记录』

时间：　　　天气：　　　温度：　　　湿度：　　　测试地点：

1. 接地电阻测量

将测量数据记入表 5-1。

表 5-1　接地电阻测量实验数据记录

EP/m	EC/m	接地电阻/Ω

实验结果：$R =$ 　　　Ω

2. 土壤电阻率测量

将测量数据记入表 5-2。

表 5-2　土壤电阻率测量实验数据记录

S/m	P/m	R/m	$R_{平均}$/m	L/m	土壤电阻率/Ω·m

『思考题』

（1）说明 P、C 各代表什么电极，在测量中起何作用？

（2）当接地电阻过大时会产生什么后果，为什么？

（3）大功率实验设备接地线是否能直接连接到电源配电箱的接地端？

（4）影响土壤电阻率测量的因素有哪些？

5.2.2　绝缘电阻测量实验

『实验目的』

（1）掌握兆欧表的工作原理。

（2）掌握用手摇式兆欧表和数字式兆欧表测量绝缘电阻的操作方法。

『实验仪器』

本实验所使用的仪器有手摇式兆欧表、BY2571 型数字式兆欧表，以及电缆线若干。

『实验仪器及工作原理』

1. 手摇式兆欧表

手摇发电机为测量提供电源。线圈 L_1、L_2 交叉装在同一轴上，当有电流分别流入线圈时，两线圈在永久磁铁产生的磁场中所受转动力矩方向相反。若两力矩不平衡，线圈转动，带动指针也偏转。两力矩的大小为：

$$M_1 = K_1 I_1 F_1 \alpha$$
$$M_2 = K_2 I_2 F_2 \alpha$$

式中，α 为指针的偏转角。当指针偏转到一定程度达到稳定，此时有 $M_1 = M_2$，即：

$$K_1 I_1 F_1 \alpha = K_2 I_2 F_2 \alpha$$

则有 　　　　　　　　$$I_1/I_2 = K_2 F_2 \alpha / K_1 F_1 \alpha = K F_3 \alpha \tag{5-3}$$

此外，根据图 5-13，又可得到

$$I_1/I_2 = R_2 + r_2/R_1 + r_1 + R_X \tag{5-4}$$

由式（5-3）和式（5-4），经数学变换得：

$$\alpha = F R_X \tag{5-5}$$

由式（5-5）可知，绝缘电阻的变化将引起偏转角 α 的变化。

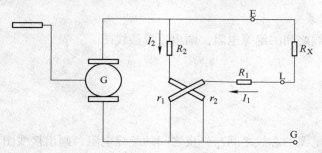

图 5-13　兆欧表测量原理图

G—手摇式电机；R_1，R_2—回路电阻；R_X—被测绝缘电阻；

r_1，r_2—线圈电阻

2. 数字式兆欧表

数字式兆欧表采用大规模集成电路，由机内电池作为电源经 DC/DC 变换产生的直流高压由 E 极出经被测试品到达 L 极，从而产生一个从 E 极到 L 极的电流，经过 I/V 变换，再经除法器完成运算，直接将被测的绝缘电阻值由 LCD 显示出来。

『实验步骤』

1. 手摇式兆欧表

（1）先将被测品与其他电源断开，短路放电。

（2）将仪表所配备的专用测试线按仪器上的示意图依次连接，红色测试线插入仪表"L"端，另一端与被测品的接地点或外壳相接。将黑色屏蔽线的白色芯线插入仪表的线路"E"端，另一端与被测品屏蔽部分或不参加测量的相接部分相连。绿色测试线接"G"端。

（3）测试前先将各端旋钮开路，转动手把，指针应指在"∞"处，然后短接 E 和 L，慢慢转动手把，指针应指在"0"处。

（4）将手摇式兆欧表与被测品对应连接后，手把转速由慢至快。达到 120r/min 时，保持此速度。手把转速应均匀稳定，待指针稳定后即可读数。

2. 数字式兆欧表

（1）开启电源开关"ON"，选择所需电压等级，轻按一下指示灯亮代表所选电压挡，轻按一下高压启停键，高压指示灯亮，LCD 显示的稳定数值即为被测的绝缘电阻值，关闭高压时只需再按一下高压键，关闭整机电源时按一下电源"OFF"。

（2）测量绝缘电阻时，先将被测品与其他电源断开，短路放电，将仪表所配备的专用测试线按仪器上的示意图依次连接，红色测试线插入仪表"L"端，另一端与被测品的接地点或外壳相接。将黑色屏蔽线的白色芯线插入仪表的线路"E"端，另一端与被测品屏蔽部分或不参加测量得相接部分相连。绿色测试线接"G"端测量过程中，由于绝缘物产生电极化现象，会引起绝缘值读数漂移跳动，属于正常现象。

（3）启动高压后，机内定时器开始工作，1min 时仪表自动报警 5s，此时数值被锁定，便于计算吸收比。

『实验记录』

1. 手摇式兆欧表

测量双芯护套线之间的绝缘电阻，画出测量接线图。

测量同轴信号电缆的芯线之间与外皮之间的绝缘电阻，画出接线图。

记录测量值入表 5-3。

表 5-3　手摇式兆欧表测量绝缘电阻记录表

测量时间/s	测量对象	绝缘电阻/MΩ

2. 数字式兆欧表

记录测量值入表 5-4。

表 5-4　不同电压等级下测得的绝缘电阻值

电压等级/V	500	1000	2000	2500
绝缘电阻/MΩ				

『思考题』

从刚开始测量到测量稳定的过程中，兆欧表的读数是如何变化的，为什么？

5.2.3 漏电开关测试实验

『实验目的』

测定断路器的动作时间和检测断路器是否正常工作。

『实验设备及原理』

实验使用仪器为 5406A 漏电开关测试仪和 DZ47LE 单向断路器。

5406A 漏电开关测试仪送出的模拟漏电电流，采用降压变压器输出低压电流的方法。输出模拟漏电流的降压器的初级输入电压由电位器调节端控制。也就是说：通过电位器调节，输入变压器初级的电压从零逐步增加，变压器次级输出模拟漏电流，也逐步增加，由此可测试漏电保护的动作电流特性。漏电保护的动作电流和时间测试，由测试仪面板上的测试按钮控制。因为按动测试按钮时，一方面输出模拟漏电流，同时该电信号又可去触发计时毫秒表，所以当漏电开关动作后，记下的时间就是通入该漏电流时的漏电保护开关的动作时间。

断路器的过载保护功能的实现，是利用双金属随着温度升高而定向按规律弯曲的原理。正常电流下弯曲角度不大，因此推力不足以使脱扣机构脱扣；当达过载电流时，弯曲角度大，推力足以推动脱扣机构使开关断开。断路器的短路保护功能是由瞬时脱扣器实现的。根据 $F = I \cdot N$ 吸力与电流及匝数之积成正比分析，由于瞬时脱扣器线圈匝数少一般只有 10 匝以下，虽然瞬时脱扣器串接在电路中，电路正常工作时，由于匝数少，正常工作电流产生的吸力不足以克服弹簧的反作用力，因此线路能正常工作；但对于短路电流来说，由于产生的电流与正常工作的电流相比相差几倍以至几十倍甚至更大，线圈匝数没变，但电流增加几倍以至几十倍，因此吸力也增加了几倍以至几十倍，只要反力弹簧选择合理，都能符合瞬时脱扣器的整定要求。漏电保护器的原理：当线路的剩余电流达到额定动作值时，由零序电流互感器感应的信号电压经电子组件板判别放大带动脱扣器，从而带动 DZ47 部分断开，切断电源进行保护。

『实验步骤』

（1）将漏电开关测试仪与被测断路器按照图 5-14 连接，保证 P-E 和 P-N 端的氖管亮，而"！"端氖管不亮。如果上述显示灯显示错误，须断开连线，检查连线可能存在的错误。

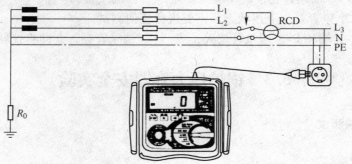

图 5-14　漏电开关测试仪与被测断路器连接示意图

（2）打开断路器开关。

（3）按下 I△n，设定额定的触发电流 I△n 为被测电路断路器的额定触发电流，将功能键设定为×1/2。

（4）无触发测试。

1）无触发测试×1/2。

2）将设定触发电流设为×1/2量程，并将漏电开关测试仪额定触发电流选择钮 I △ n，定为被测电路断路器的额定触发电流。

3）按下，然后松开"Press to Test"按钮。相当于为被测电路断路器的额定触发电流一半的电流将通过断路器，如果断路器正常工作，它不应被触发。

4）测试过程中，屏幕将显示"ms"。"Press to Test"按钮松开后，测试结果将显示"3s"。如果"Press to Test"按钮未被松开，测试结果持续显示，直至松开按钮为止。

5）如果断路器被触发，屏幕将显示触发时间，读数被保持大约10s。

（5）触发测试。

1）触发测试用于测试非延迟断路器是否能被正确触发。

2）选择×1测试触发电流。

3）按下"Press to Test"按钮。相当于为被测电路断路器的额定触发电流流通过断路器。断路器将被触发，同时屏幕上将显示读数。测试过程中，屏幕将显示"ms"。

4）从3）步得到的读数应在断路器规定的触发时间范围内。

5）如果断路器未被触发，则该断路器有问题。

『实验记录』

记录触发测试中3）步得到的触发时间（表5-5），并判断自己所测试的断路器是否正常。

表 5-5　测试记录表

相位	电流	是否断电	触发时间	备注记录

『实验注意事项』

（1）每次按下测试按钮时，请务必检查 P-E、P-N、"!"3个氖管。上述3个氖管应处于下列状态：P-E端氖管亮；P-N端氖管亮；"!"端氖管灭。

（2）如果3个氖管处于上述状态，不要进行任何测试。

（3）如果 P-E 端和 P-N 端氖管熄灭，或"!"端氖管亮，立即将仪器断电。

5.3　锅炉压力容器安全实验

5.3.1　锈蚀腐蚀测试

『实验目的』

（1）了解 JR-4478 型锈蚀腐蚀测定仪（图 5-15）的工作原理。

（2）掌握锈蚀腐蚀的测定方法，培养实验技能。

『实验仪器』

本实验选用的主要设备为 JR-4478 型锈蚀腐蚀测定仪。JR-4478 型锈蚀腐蚀测定仪将温度信号转换为电信号，其中，温度信号是由温度传感器 Pt100 铂电阻提供，配以先进的非线性校正放大电路，使温度的变化量与电压的变化量成线性。校正放大后的模拟电压量通过 A/D 转换器变成数字量，由数字显示器显示出来。另一路则由设定电压在偏差放大器中进行比较并将偏差值放大，放大后的偏差值用来控制时间比例调功电路以改变负载功率，从而达到控温的目的。

图 5-15　JR-4478 型锈蚀腐蚀测定仪

『实验内容』

（1）测定润滑油、液压油、汽轮机油及其他油脂中含水时对金属的腐蚀能力，评定添加剂防腐性能。

（2）评定航空汽油、航空涡轮燃料、车用汽油、家用拖拉机燃料、洗涤溶剂，以及炼油、柴油、馏分燃料油、润滑油等石油产品，对铜片、银片的腐蚀程度。

『实验步骤』

（1）检查仪器坚固件有无松动，各个插件是否插好，方可通电检验。

（2）打开电源开关，指示灯亮，液晶屏显示"欢迎使用"。进入不同界面，进行如下操作：

1）按"确认"键进入工作界面图 5-16。

2）按"温度"键进入参数设置界面图 5-17，按菜单提示依次设置所需参数，设置完成后，按"确认"键进入工作界面；

3）按"定时"键进入设置界面图 5-18，按菜单提示依次设置所需参数，设置完成后，按"确认"键进入工作界面；

4）在设置界面中按"时钟"键进入时钟参数设置界面图 5-19，按菜单提示依次设置所需参数，设置完成后，按"确认"键返回图 5-18 参数设置界面，按"确认"键往返图 5-17 的工作界面。

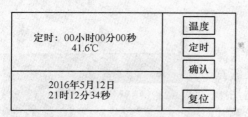

图 5-16　工作界面

图 5-17　参数设置界面

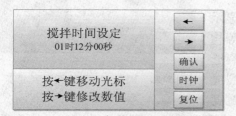

图 5-18　定时设置界面

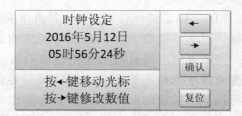

图 5-19　时钟参数设置界面

（3）将白钢浴内加入无盐水，将试验样品烧杯放入托架内，盖好烧杯盖，将试验棒置于烧杯盖的插孔内，将搅拌桨固定在转轴内。

（4）按下搅拌加热开关，按"确认"键，电机转动，从而带动整个传动机构工作，开始恒温，至实验时间到蜂鸣器发出讯响。若需停止讯响，请按时间复位按钮，否则一直发出声响。

（5）实验完毕后，取出试验样品，根据实验要求规定的方法，确定锈蚀腐蚀级别。若连续实验，可重复上述过程；若停止实验，请依次关闭搅拌、加热开关和电源开关。

（6）当仪器按 GB/T 11143《润滑油锈蚀腐蚀测定方法》做测试时，将烧杯托架安放在浴箱盖板上，将盛好油样的烧杯放入烧杯托架内，将油样搅拌杆插入烧杯盖孔内，将烧杯盖按要求放在烧杯盖上，将搅拌杆装在油样搅拌器上。安装时将锁栓松开，搅拌器向上移动，油样搅拌杆插入搅拌器夹头内为宜。找好位置，将搅拌杆固定在搅拌器上，然后将锁栓拧紧，把试验棒装配插入盖板孔中，并且调整好各件位置。按实验方法进行实验。

『实验注意事项』

（1）通电时，水浴箱内必须加水或油水混合物，加热器切勿在空气中使用。

（2）在使用前，应注意安全，仪器外壳与三芯电源插座接地良好。

（3）在更换保险丝管或其他器件时，应断电更换。

（4）在使用本仪器前，应注意各插件接触良好。

『思考题』

简述 JR-4478 型锈蚀腐蚀测定仪的工作原理。

5.3.2 裂缝深度超声波检测实验

『实验目的』

（1）通过本实验的学习，了解 PTS-E40 裂缝综合测试仪图 5-20 的工作原理。

（2）掌握裂缝深度和宽度的测定方法，并能实际运用。

『实验仪器』

本实验采用的 PTS-E40 裂缝综合测试仪融合了显微图像处理和超声波测试技术，同时具备测量裂缝宽度和深度的功能。仪器操作简单且经济实惠，适用于对建筑物、桥梁、隧道等结构表面裂缝的快速检测并拍照记录工作。

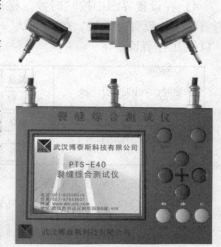

PTS-E40 裂缝综合测试仪主要由便携式彩色显示主机、彩色显微放大探头以及超声波测试探头等构成。测试时用户可直接从主机的液晶屏上读取裂缝宽度或深度的检测数值，也可以对需要记录的裂缝进行拍照。拍摄的照片中可保留检测出的裂缝宽度

图 5-20   PTS-E40 裂缝综合测试仪

和深度值。用户可在主机上浏览所存储的照片，也可下载到计算机，做进一步的分析或打印存档。

『**实验步骤**』

1. 裂缝宽度测量

（1）仪器连接：将测宽探头连接到主机顶部中央的航空插座中。

（2）开机：打开电源，屏幕显示"启动测试"、"图片查看"和"系统信息"3个程序图标，同时探头照明灯亮，表示探头与主机连接正常。

（3）启动测试：通过左右键选择"启动测试"图标，按键盘上的"进入"键启动宽度测量界面。屏幕上方显示"测宽模式"，屏幕中间出现蓝色的扫描基线。

（4）裂缝捕捉及测量：直接将探头紧靠被测裂缝的两端，即可在液晶显示屏上看到被放大的裂缝，微调探头使裂缝与扫面线垂直交叉，程序将自动捕捉到屏幕中与蓝色扫面基线交叉的裂缝，与裂缝平行的两条蓝色垂线将自动锁定该裂缝两侧的边缘，程序将自动计算并实时显示裂缝的宽度数值如屏幕中有多条裂缝与蓝色扫面基线交叉，则程序将优先读取靠近屏幕中心的裂缝。顺裂缝发展的方向移动探头，扫描线将实时显示所扫描到的裂缝宽度。

（5）保存：首先通过上、下键选择设置需要的裂缝编号，在测量状态按下主机上探头上的"保存"键，指示灯亮表示拍照成功。

（6）浏览存储的照片：通过左、右键选择"图片查看"图标，按"进入"键进入图片浏览模式，通过方向键可以选择所需查看的图片，并按"进入"键可放大单张图片，按"退出"键回到主界面。

（7）数据传输：在开机的情况下将主机和电脑通过 USB 线连接。电脑上会自动显示所有存储的照片，并可以对照片进行下载、浏览、编辑、删除等操作。

2. 裂缝深度测量

（1）仪器连接：将测深探头连接到仪器顶部左、右两侧的航空插座中。

（2）开机：打开电源，屏幕显示"启动测试"、"图片查看"和"系统信息"3个程序图标。

（3）启动测试：通过左、右键选择"启动测试"图标，按键盘上的"进入"键启动深度测量界面。屏幕上方显示"测深模式"，同时屏幕下方出现蓝色的"首位相波"指示框。

（4）裂缝深度测量：

1）首先，将两个探头对称放置在裂缝两侧的边缘，测深探头用耦合剂与待测物表面耦合，按"传输"键启动探头发出"哒哒"声的是发射探头 T，另一个为接受探头 R。

2）以裂缝为中心向外侧大致匀速对称地移动两个探头，这时屏幕中"首位相波"指示条指示为"正"相位，则需继续向外侧移动探头以增大探头的中心距离。

注意：为了保证测试精度，测试面应平整并使用耦合剂。探头的移动速度不要太快，且两个探头的移动距离要大致相等。

3）移动探头直至屏幕中"首位相波"指示条变化指示为"负"相位，表示两个探头移动的距离已超出了首位相波反相临界位置。这时需将 T、R 探头略往回移动。当首位相波指示条重新变化指示为"正"相位时，可判定该位置为临界点。探头在临界点内侧时，首位相波指示为正；探头在临界点外侧时，首位相波指示为负。

4）找到临界点后，停止移动探头 T、R。用卷尺测量临界位置探头 T、R 的中心距离，通过键盘将该数值以 mm 为单位输入到"间距"栏中，在"深度"栏中会自动计算得出裂缝深度值（探头直径为 32.40mm）。

（5）保存：在测量状态按下主机上探头上的"保存"键，指示灯亮表示拍照成功。

（6）浏览存储的照片：通过左，右键选择"图片查看"图标，按"进入"键进入图片浏览模式，通过方向键可以选择所需查看的图片，并按"进入"键可放大单张图片，按"退出"键回到主界面。

（7）数据传输：在开机的情况下将主机和电脑通过 USB 线连接。电脑上会自动显示所有存储的照片，并可以对照片进行下载、浏览、编辑、删除等操作。

『实验记录』

裂缝宽度：＿＿＿＿＿＿＿；

间距：＿＿＿＿＿＿＿；

裂缝深度＿＿＿＿＿＿＿。

『实验注意事项』

（1）使用仪器前仔细阅读说明书。

（2）仪器长期不用，充电电池会自然放电，导致电量减少，使用前应再次充电。

（3）每次使用完本仪器后，应该对主机、换能器等进行适当清洁，以防止水、泥等进入接插件或仪器，从而导致仪器的性能下降或损坏。

『思考题』

试列举一个其他裂缝深度测试的方法。

5.3.3　YSD 岩体声发射监测

『实验目的』

（1）掌握 YSD 岩体声发射监测仪的测量原理。

（2）掌握监测岩石声发射特征的方法。

『实验仪器及工作原理』

本实验选用主要设备为 YSD 岩体声发射监测仪，如图 5-21 所示。

岩体声发射监测仪由计算机控制，八通道实时监测，系统包括工控机、转换模块、采集传输模块、探头、稳压电源 5 个部分。

（1）探头。由传感器、前置放大器、传输电缆、密封壳体组成。

（2）采集传输模块。由信号采集、信号处理、计数与远程通信组成。

（3）转换模块。信号由数据总线传输，RS232/RS485 转换器电平转换，最大传输距离为 3000m。

图 5-21　YSD 岩体声发射监测仪

（4）工控机。采集传输的控制由工控机完成，声发射监测软件负责各测点采集传输模块，参数设置，检查及数据上传，声发射信号大事件、总事件，能率直方图显示，声发射事件数据保存、处理。

（5）稳压电源。为探头和采集传输模块提供正、负直流电源。

在外力作用下，岩体内部存在缺陷包括裂纹或不均质的部位，首先储蓄应变能，当这种应变能积蓄到某一数值时，即以弹性波的形式释放，并由源点向四周传播。这种现象称岩体声发射现象。

岩体声发射检测技术是一种岩体受力损伤、破坏的动态检测方法，其检测结果可以反映岩体稳定性的发展趋势和有效地预报岩体失稳的危险状态。岩体受力时，产生声发射；岩体趋于破坏时，声发射水平显著提高。利用岩体声发射的特点，岩体声发射仪检测声发射的频度、强度和能量，揭示了岩体的受力状态，为评价、预测岩体的稳定性提供依据。

1）总事件。单位时间内发射时间累计数个/分。

2）大事件。单位时间内幅度大于设定值的事件累计数个/分，反映较大声发射幅度。

3）能率。与单位时间声发射能量成比例的量无量纲，反映声发射能量。

尽可能使探头与声发射源接近，由此探头应放在一定深度的钻孔中，最好用水泥砂浆浇灌。对一般岩体工程，钻孔深度大于 1.8m；对采场顶板，监测孔深度可适当减小。

两旁监测孔应水平或略向上倾，顶板监测孔角度小于 45°，使探头不至于下滑。孔口用棉纱塞紧，隔绝外部噪声。监测孔间距小于 40m，如不要求全面监控，间距可适当加大，或仅在认为重要的部位设孔。

采集传输模块置于孔口部位，每个采集传输模块串行输出至工控机，机房与最远采集传输模块的距离不大于 3000m。若增加中继器，距离可适当加长。

『实验步骤』

（1）本仪器软件在 Windows 系统下运行。

（2）双击 Windows 桌面上"YSD 声发射监测系统"图标，启动声发射监测系统软件。

（3）点击画面中的"参数设置"图标，进入"参数设置"界面，在"孔号设置"处设定每个探头对应的孔号；"采集模式"有"0：定时采集"和"1：循环采集"两种方式；画面中"循环间隔时间"和"采集间隔时间"应设置为"0：00：00"；其他参数根据需要设置。参数设置完成后，点击"关闭"按钮，返回主画面。

（4）数据查看窗口说明。在主画面"显示数据"按钮区，点击某一个探头，会显示相应探头的数据查看窗口。该窗口下部有"删除"、"更新"、"刷新"、"关闭" 4 个按钮。在窗口中的数据上点一下，再按"删除"按钮，会将该组数据删除，含该组数据中的大事件、总事件、能率；按"更新"按钮，将删除操作的结果保存到硬盘。如果在数据查看窗口没有发现最新数据，请点击"刷新"按钮。"关闭"按钮用来关闭数据查看窗口。

（5）保存数据。在主画面中点击"保存数据"按钮后，提示"起始时间"、"终止时间"，"文件名"。文件名应加后缀".mdb"。如存入软盘，文件名应加"A:"保存。保存起始时间至终止时间内 8 个探头的原始数据。

（6）点击"正在采集"按钮，使其闪烁，表明系统正在采集数据。

（7）系统状态。在采集数据，主画面的"系统状态"小窗口先是采集数据的过程。

（8）退出。点击"系统退出"按钮，可退出声发射监测系统软件。

『实验记录』

点击画面中的"数据处理"按钮，再点击"探头选择"按钮，选择需要进行数据处理的探头号；点击"系统单位"按钮，选择其中某项作为统计单位某时间段声发射参数累计值；点击"时间区段选择"，选择需要进行数据处理的时间区段；最后，点击"确定"按钮，完成数据内部处理；点击"打印"，即可输出数据表格。

点击主画面中的"数据处理"按钮，选择"绘图"，选择声发射参数中任一项；点击"打印"，即可输出数据直方图。点击"返回"，可重新进行选择。

『思考题』

（1）YSD 岩体声发射监测仪的原理是什么？

（2）YSD 岩体声发射监测仪的发声特征有哪些？

5.3.4　钢材组织结构观测

『实验目的』

（1）了解光学显微镜的原理。

（2）了解光学显微镜的使用方法，并对不同钢材的组织结构进行观察。

（3）分析不同钢材组织和性能的关系及应用。

『实验仪器』

光学显微镜、玻片。

『实验内容及方法』

（1）仪器连接。

（2）显微镜的调节。

1）取显微镜和放置：显微镜平时存放在柜或箱中，用时从柜中取出，右手紧握镜臂，左手托住镜座，将显微镜放在自己左肩前方的实验台上。

2）对光：用拇指和中指移动旋转器切忌手持物镜移动，使低倍镜对准镜台的通光孔；打开光圈，上升集光器，并将反光镜转向光源；同时调节反光镜方向，直到视野内的光线均匀明亮为止。

3）放置玻片标本。

4）调节焦距。

（3）观测。调节调焦螺旋对样本进行观测。

（4）观测结果分析。一号样本为马氏体，经过淬火后水冷，其硬度和强度均较高；二号样本为 30 号钢，经过退火炉冷，其组织为珠光体和铁素体，其硬度和强度比马氏体低。

『实验记录』

请将观察到的钢材组织结构绘制在下方空白处。

『注意事项』

（1）拿取显微镜必须一只手拿着镜臂，一只手托着镜座，并保持镜身的上下垂直，应避免震动，轻放台上。切不可用一只手提起，以防显微镜、反光镜的目镜坠落。

（2）使用前应将镜身擦拭一遍，用擦镜纸将镜头擦净（切不可用手指擦抹）。

（3）使用时如发现显微镜操作不灵活或有损坏，不要擅自拆卸修理，应立即报告指导教师处理。

（4）注意保护镜头，切不可压碎标本玻片，损坏镜头。

（5）显微镜使用完毕，应检查显微镜，确保无损伤后放回镜箱。

『思考题』

简述钢材组织结构的异同及其与各自特性的关系。

第 6 章　安全人机工程学实验

【本章学习要点】
　　围绕部分典型安全人机工程学课题，介绍了有关的实验内容、仪器及方法。本章主要介绍人的基本特性实验、人体反应及协调能力测试、人的可靠性实验等内容。

6.1　人的基本特性实验

6.1.1　人体参数测量实验

『实验目的』

（1）测量人体各肢体的长度、宽度及围度等形态指标。

（2）掌握人体尺寸百分位数的具体含义，并能根据所得尺寸进行设计。

『实验仪器』

BD-Ⅱ-605 型人体测量尺。包含长马丁尺、中马丁尺、短马丁尺、直脚规、臂伸测量尺、足长测量仪、游标卡尺、围度尺，如图 6-1 所示。

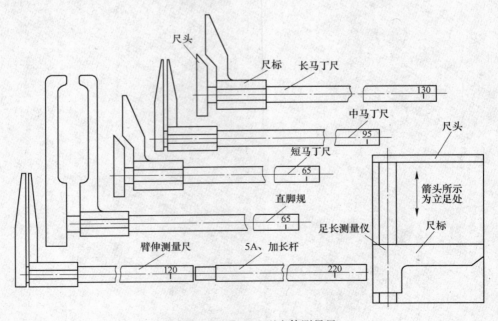

图 6-1　BD-Ⅱ-605 型人体测量尺

『实验内容』

分别使用长马丁尺、中马丁尺、短马丁尺、直脚规、臂伸测量尺、足长测量仪、游标卡尺、围度尺各测量人体尺寸至少1项，即总测量项目至少8项。

『实验步骤』

（1）使用长马丁尺测量下肢长。将尺子垂直于地面，移动尺标至测量点，尺标所对应的数字即为离地面的高度。

（2）使用中马丁尺测量上肢长、上臂长、前臂长、手长等。移动尺标至测量点，目标物夹在尺头与尺标之间，读取数字即为长度。

（3）使用短马丁尺测量大腿长、小腿长和跟腱长等。将尺子垂直于地面，移动尺标至测量点，尺标所对应的数字即为离地面的高度。

（4）使用直脚规测量肩宽、骨盆宽、胸宽和胸厚等。移动尺标至测量点，目标物夹在尺头与尺标之间，读取数字。

（5）使用臂伸测量尺测量臂伸、身长等。移动尺标至测量点，目标物夹在尺头与尺标之间，读取数字。如测量长度不够，可将加长杆插入尾端。

（6）使用足长测量仪测量足长。移动尺标，将单足放于底板之上，并轻处于尺头与尺标之间，读取数字。

（7）使用游标卡尺测量手宽、足宽等。松开游标上的螺钉，移动游标至测量点，将目标物夹在尺头与尺标中间，所对应的数字即为测定点的长度。

（8）使用围度尺测量胸围、腰围、臀围、上下肢体及其他人体曲线的围度。先将卷尺绕在测量点上，注意不要缠得太紧，即可读取数字。

（9）实验完毕后，将各种测量尺固定于包装箱中。

『实验记录』

将测量数据记入表 6-1 和表 6-2。

表 6-1　人体尺寸测量数据　　　　　　　　　　（mm）

尺寸＼测量项目						
1						
2						
3						
4						
5						

表 6-2　人体尺寸表　　　　　　　　　　（mm）

项目＼百分位数	5	50	95	99

『思考题』

简述人体各部分尺寸的大小关系（如身高约为两臂张开长度）。

6.1.2　听觉实验

『实验目的』

（1）通过听觉实验仪的应用，初步理解纯音听觉阈限与不同频率的关系。

（2）检验响度与声波频率关系，测量和绘制响度阈限曲线和等响曲线。

『实验仪器』

本实验采用 EP304S 型听觉实验仪、高保真双声道耳机（图 6-2）。

听觉实验仪是在测定可听声波频率，证实声音的响度阈限和声波频率的关系，检验响度与频率的关系，测量等响曲线等一系列听觉实验的常用仪器。

EP304S 听觉实验仪为听觉实验提供了一个较为理想的音源。它是一种能产生频率在 25Hz～20kHz 内的所有点频的正弦波信号发生器。

图 6-2　EP304S 型听觉实验仪

EP304S 型听觉实验仪使用方法：

（1）接上电源线，把耳机插到"耳机输出"1～4 孔中的任一孔，最多可同时上插 4 副。

（2）无误后，打开电源开关，仪器频率显示"40 —— 0"，40 表示初始音量为 40dB，0 表示初始频率为 0Hz。

（3）按下一次左右声道按钮，打开相应的左右声道，对应的指示灯点亮。根据实验内容，可同时或分别选用左右声道。

（4）通过按下"数字/频率"选择按钮，以选择固定点频方式或自由输入频率方式，"数字"对应的指示灯亮表示选择自由输入频率方式，如要输入 3678Hz 频率，则按下上方标有 3、6、7、8 的按钮。屏幕上会显示"3678"。若输入数字有误，可按上方标有"删除"的按钮，逐一删除。当确定输入正确后，按下上方标有"确定"的按钮，此时被试者可听到频率是 3678Hz 的音频信号。再次输入新的频率时，可按上方标有"0"到"9"的按钮重新输入新的数字，此时原先输入的音频信号保持到新的频率输入完毕且按下"确定"按钮后。输入频率值为 25Hz～20kHz，低于下限或高于上限值，仪器会自动设置为下限或上限值（注意：每输完一个新的频率值，必须按下"确定"按钮才能产生该频率的音频信号，在输入新的频率之前如果按下了其他非数字功能的按钮，液晶屏上会显示为"0"，测试者可再次输入新的频率）。"频率"对应的指示灯亮，表示选择固定点频率方式。如需 15kHz 频率，则按下下方标有 15kHz 的按钮，频率显示"15000"，此时被试者可听到频率 15kHz 的音频信号（默认状态为固定点频方式）。

（5）测试者调节音量调节旋钮，顺时针方向旋转旋钮，音量增强；逆时针旋转，音量减弱。如要显示音量变化值，按下"音量/频率"键，切换显示音量值和频率值（在任何时间，都可以按下此键，查看对应的音量和频率值）。

『实验原理』

能够使人体听觉器官引起声音感觉的波动称为声波，其频率范围为 20～20000Hz。影响听觉强度的主观感觉的响度与作用在人耳上的声强有关，也与声波的频率相关。刺激阈就是反映声波强度和频率两者组合指标的一种听感阈值。听力图是记录听力测验的图表，如图 6-3 所示。

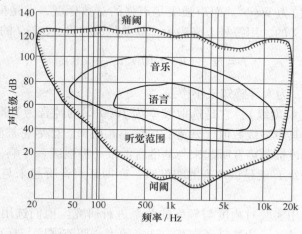

图 6-3　人耳听力图

听力图是不同比例成人对于各种频率的声音的可感受耳（即正常）所听到的声音范围，最低的一条曲线是刚刚能够听见的最小强度，称为闻阈（响度阈限），即可闻阈限（或听觉阈限）；而最上的一条则为能够忍受的最大强度听觉上限称为痛阈（耐受阈限），即最大可听阈。这些曲线是通过以下技术来获得的：被试者在听功能较好的一只耳上戴上耳机，接受某个纯音刺激。例如，一个刺激 1000Hz 并且是在可闻阈以下的音，被试者不可能听到它。测试者慢慢地提高声音的强度，当被试者第一次报告"听到了"，测试者记下这个听觉阈限水平值，并作为听力图上可闻阈曲线上 1000Hz 时的一点。然后，测试者继续缓慢地提高声音强度水平，当被试者第一次报告耳朵感到瘙痒或产生疼痛时，测试者记下这时的感觉阈限值，并将其作为痛阈点。对于其他各个频率，重复进行同样的实验，直至可闻阈曲线与痛阈曲线完全形成为止。

曲线的下界是最小可闻阈，曲线的上界是最大可闻阈。常人无法听到 20Hz 以下和 20000Hz 以上的声音，但对 3000Hz 的声音刺激却是最敏感的，这部分也正是人类语言频率密集的区域。

在这里所见的限界值均表示着音强度的刺激阈，中间的区域意味着人所有的听感觉大小。其中，"50%"那条曲线是最令人感兴趣的。说明其中一半的人具有高于这个阈限曲线的听觉敏锐度，而另一半的人则相反。由于不良听觉敏锐度能用来较好地定义失聪（或耳聋），所以 50%的这一曲线亦常用来作为听觉缺失的参照标准。听感阈值的测定即是听觉研究的最重要的基础课题之一，同时，这种研究的成果和规律对电声器材与通信器材的设计、医用测听器的校准和聋症的诊断等领域有很大的助益。

根据 Sivian 等（1933）以及很多的学者的研究，声音的听觉应以对数分贝（dB）来划分响度等级，这是因为人耳的听感强弱具有对数的性质。同时，采用对数，可方便地表示声学中较大的强度范围，又便于运算强度倍率时，只需 dB 相加而无需相乘。声波强度均可用 dB 表示，不因测量指标不同而改变。

（1）声压级：0dB 被规定为在 1kHz 时人耳刚能听闻（闻阈）时的声压值为 2×10^{-5}Pa。

（2）声强级：声强是单位时间内通过垂直于声波传播方向的单位面积的声波能量，用符号 I 来表示，其单位为 W/m^2。而声强级是声强的对数标度，它是根据人耳对声音强弱变化的分辨能力来定义的，用符号 L 来表示，其单位为分贝，L 与 I 的关系为：

$$L = \lg \frac{I}{I_0}(\text{B}) = 10 \times \lg \frac{I}{I_0}(\text{dB}) \tag{6-1}$$

式中，$I_0 = 10^{-12}\text{W/m}^2$，为人耳感知最小声强。

（3）感觉能级（响度级）：它是选取频率为 1000Hz 的纯音为基准声音，并规定它的响度级在数值上等于其声强级数值（注意：单位不相同！），然后将被测的某一频率声音与此基准声音比较。若该被测声音听起来与基准音的某一声强级一样响，则这基准音的响度级（数值上等于声强级）就是该声音的响度级，亦即某声音听起来与 1kHz 声音一样响时的声压级。

费兰切和莫桑运用实验对响度与频率的关系进行研究。他们选用 1000Hz 在不同声级水平上的纯音作为标准音，让被试者在某一选择频率，调节强度与标准音相等。经过一系列实验，比较得出等响度轮廓线（图 6-4）。图中每条曲线上各点的响度感觉是一样的，这就构成了等响曲线。

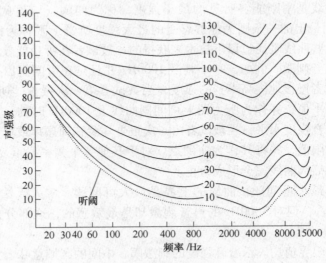

图 6-4　等响度曲线

从等响曲线上可以看出，在低强度时，曲线呈 V 字形；在高强度时，响度曲线趋向平化，即在相同强度时有近似的响度。为了便于说明和区别各条等响曲线，同样采用分级的办法。取图中参考音调 1000Hz 的垂直线与等响曲线相交点的强度级为各等响曲线的级别，叫做等响级，单位是（phon），就是说任一条曲线上的响度级相当于同样响的参考音调

1000Hz 声音的强度级（1000Hz 纯音的强度级就是它的响度级）。例如在 20 的等响曲线上，一个强度级为 20dB 的 1000Hz 声音，与一个强度级为 37dB 的 100Hz 声音听起来是一样响的，它们的响度级都是 20。

　　乐音的音高是音调高低的主观感觉，主要由声波的频率决定，但也受强度的影响。为了在可听的范围内测量强度对于乐音音高的影响，Stevens 对 150~12000Hz 的 11 个频率的乐音做过实验。他让两个频率稍有差别的乐音交替出现，并让被试者调节其中一个乐音的强度，直到他觉得两个乐音的音高相等为止。也就是用强度的差别来补偿频率的差别，使两个乐音的音高感觉相等。实验的结果绘制成的曲线族，称为等音高曲线。当强度改变时，各频率的音高随之发生变化。对于低音来说，音高随强度增加而降低，对于高音来说，音高随强度增加而升高，对于中等频率的声音来说，两种影响都有轻微程度的表现。例如 2000Hz 的声音，当强度初增加时，音高略有升高；但强度再增加时，其音高却略微降低了。从图 6-5 中可以看出音高受强度改变影响最小的那些频率都是人耳对它们最敏感的声音，也是耳感受性最高的部分。

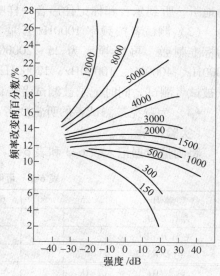

图 6-5　等音高曲线

　　综上所说，音高主要决定于声音频率的高低，但声音强度对于音高也有一定的影响。音高的实验研究应该将声音的频率和强度结合起来考虑。当说明一个声音的音高时，应选择一个标准的强度水平作为参考，一般常用的参考强度是 40dB。上述音高量表就是依此来制定的。

　　心理实验中常用极限法测定几种频率的听觉阈限，如等响度曲线及等音高曲线。

　　作为心理物理学方法之一的极限法，是测定阈限的直接方法，它能形象地表明阈限这一概念。也就是说，在记录上可以直接看出刺激反应的划分属这一类或哪一类（例如感觉得到与感觉不到）的界限。极限法一般交替地使用递增和递减系列，这样既能抵消习惯误差，又能抵消期待误差。

『实验内容』

利用听觉实验仪进行可听度和等响度的测试。

『实验步骤』

　　1. 可听度曲线的测量——测可听度

　　（1）需两人一组配合实验，一人为测试者，另一人为被测试者。

　　（2）按使用方法（1）、（2）、（3）做好实验前仪器准备。被测试者坐好，戴上耳机。

　　（3）左、右声道交替测量。被测试者先将音量旋钮逆时针调到底，集中注意力地听，然后顺时针调音量旋钮，听到乐音停止旋转，告诉另一人，让其记录数据。

　　（4）测试者按 25~20000Hz（25HZ、50Hz、100Hz、200Hz、400Hz、800Hz、1000Hz、2000Hz、4000Hz、8000Hz、10000Hz、12500Hz、15000Hz、18000Hz、20000Hz）的 15 个频率点，供被测试者测试。同时记录被测试者告诉的各点音量显示值。

（5）为避免被测试者的听觉疲劳。每做完一个点，两人可互换测试。

2. 等响曲线——测试等响度

（1）按使用方法（1）、（2）、（3）做好实验前仪器准备。被测试者坐好，戴上耳机。

（2）两耳同时听音，主试调节音量旋钮，先给被测试者一个声音，被测试者要记住它有多响，接着主试先将音量旋钮逆时针调到底，然后顺时针调音量旋钮，被试者集中注意力地听，听到乐音和你记住声音一样响时立即报告主试，主试停止旋转，并记录数据。

（3）测试者按频率 1000Hz 音量 20～80dB（20dB、40dB、60dB、80dB 四个音量点）为标准刺激。再以频率为 25～20000Hz（25Hz、50Hz、100Hz、200Hz、400Hz、800Hz、2000Hz、4000Hz、10000Hz、12000Hz、14000Hz、18000Hz、20000Hz）的 13 个频率点，供被试者测试。同时记录被测试者告诉的各点音量显示值。

（4）为避免被测试者的听觉疲劳。每做完一个点，两人可互换测试。

『实验记录』

将测量数据记入表 6-3 和表 6-4。

表 6-3　可听度曲线的测量——测可听度

频率/Hz	25	50	64	100	128	200	256	400	512	800
左耳 L/dB										
右耳 R/dB										
$L_{测} = (L+R)/2$										
频率/Hz	1k	2k	4k	8k	10k	12k	14k	16k	18k	20k
左耳 L/dB										
右耳 R/dB										
$L_{测} = (L+R)/2$										

表 6-4　等响曲线——测等响度

频率/Hz	25	50	100	200	400	800	2k	4k	10k	12k	14k	18k	20k
1000Hz 20dB 等响音量													
1000Hz 40dB 等响音量													
1000Hz 60dB 等响音量													
1000Hz 80dB 等响音量													

『实验注意事项』

（1）开机前，请确认所使用的电源在交流 198～242V 所规定的范围内。否则可能导致仪器受损。

（2）每次打开电源开关，仪器将自动把音量设置在"40"dB，而音频信号则设置在关的状态，显示"00"。

（3）实验前，仪器最好先预热 2min，使仪器各项指标达到最佳状态。

（4）禁止在开机状态，插拔耳机插头。

（5）由于目前在耳机制造技术上原因，耳机在整个音频范围内，各频率上转换效率的不同，导致在同样电平的驱动下，不同频率的声强不同，在此附上耳机频率响应的表格（表6-5），测试者和被测试者可根据此表格，对实验结果进行推算和分析。例如，当频率为1kHz时，音量显示"56"，而频率换成10kHz，查表10kHz为"−4"，则音量为56−4＝52；同理，频率为2kHz，音量56+5＝61。由此可得到较正确的实验结果。

表6-5 实验结果

20kHz	18kHz	14kHz	12kHz	10kHz
−16	−13	−4	−0.5	−4
8kHz	4kHz	2kHz	1kHz	800Hz
5.5	−7.5	5	0	−3
400Hz	200Hz	100Hz	50Hz	25Hz
−5	−7	−22	−23	−23

『思考题』

（1）以乐音频率为横坐标，以强度为纵坐标，绘制听阈图。

（2）以频率为横坐标，以强度为纵坐标，绘制等响曲线。

6.1.3 暗适应实验

『实验目的』

（1）掌握暗适应的测定方法。

（2）了解视觉适应机制。

『实验仪器』

本实验采用夜间视力检查仪，型号为EP404，如图6-6所示。

仪器组成：主机（观察窗、强光照明、弱光照明、控制电路、操作面板）、遥控盒，电源线，四块薄膜数字板。

技术参数：

（1）定时：30s；

（2）定时精度：小于0.1s；

（3）照明：大灯照明：大于2000lx，小灯照明：小于1.5lx；

（4）测试过程自动控制；

（5）可更换的四种数字板。

『实验原理』

暗适应是视觉在环境明暗剧烈变化的一种重要适

图6-6 EP404夜间视力检查仪

应功能，亦是感知觉在适应表现上最为典型的一种。人之所以能在繁星点点的夜晚到烈日炎炎的白昼，光照度可差 $10^8 \sim 10^{10}$ 倍的变化幅度十分巨大的周围环境中工作，正是因为有很好的视觉适应机制。

　　视觉适应的机制包括瞳孔大小的变化，视网膜光化学适应和神经的适应。由于瞳孔的变化只能使进入眼球的光线有 10~20 倍（或说 17 倍）的变化。视网膜光化学适应过程时间较长，达到完全适应约需 45min。初期进行得较快。最初 5min 内约将完成整个过程的 60%，而这 5min 的关键就是运用了神经的适应，此时视觉器官中的锥体细胞和杆细胞都在发挥作用。在现实中应用最为广泛的亦是该段时间。作为驾驶员的夜间驾驶的适应上，最初的 30s 水准就是一项重要指标之一。

　　暗适应的表现是个体由亮处转入暗处，在暗环境中的视觉适应性逐步提高的过程。据一些应用实验材料表明，影响其因素的有：

　　（1）受光刺激的时间越长，达到完全适应所一时间越长。

　　（2）缺氧因素：缺氧对暗适应有明显影响，使暗适应的视阈坛高（疲劳时处于缺氧状态是个体的一种常见反映）。

　　（3）暗环境的照明强度越弱和个体观察时间越短，其视觉感受性越弱等等。

　　为满足暗适应的实验和实际应用所需，此实验设备采用固定的强光光源作为亮处环境，被试者在强光的环境适应 30s 后，强光突然熄灭，读出呈现在弱的光环境下的字标，检测被试者的视敏度，作为个体视觉机能的重要指标。

　　视敏度：是辨认物体细节的敏锐程度。

　　感受性：反映客观事物的个别属性的感觉能力，可用感觉阈限的大小来度量。

『实验内容』

　　利用夜间视力检查仪测试个体由亮处转入暗处，在暗环境中的视觉适应性逐步提高的过程。

『实验步骤』

　　（1）完成实验前准备工作（连接仪器，接通电源、选择好暗适应时照度、更换数字板）。

　　（2）被试同学坐在观察窗前，双眼须舒服的紧贴观察窗口。

　　（3）实验指导语：这是一个暗适应能力的测试，须将脸部紧贴观察窗，睁大眼睛注视正前方白板。大灯熄灭后，前方窗口遮板下落，将暴露 10 行数字，尽可能将数字由上至下分段读出，直到 10 行数字读完或遮板再次挡住数字板。

　　（4）被试同学理解指导语后，按"开始"键，实验开始。

　　（5）主试根据被试的口头报告，对应呈现的数字板的原稿，统计被试的识别程度（正确的报告行数）。

　　（6）测试结束机器自动复零，为下次测试做好准备。

『实验记录』

将测试数据记入表 6-6。

表 6-6　暗适应测试实验记录表

被试姓名	数字板	开始报告时间	正确报告行数

『实验注意事项』

（1）爱护实验仪器，要轻拿轻放，防止磕碰损坏。

（2）实验结束后，要将所有仪器设备放置整齐以备后用。

『思考题』

（1）统计每个被试者对四种数字板的识别程度，以最低值为准，转换成相对应的视力值。

（2）以视力值为纵坐标，以对应某视力值所用时间为横坐标画出暗适应曲线（可用秒表记录每组开始报告时间）。

6.1.4 明度适应实验

『实验目的』

学习使用明度辨别仪，掌握视觉适应机制。

『实验仪器』

明度实验仪是一种用来测定人眼对亮度刺激感受性的仪器（图6-7），常用来测量人的明度差别阈限。它有左右两个观察窗，用来观察明度。每个观察窗有一个对应的调节旋钮和刻度盘。调节旋钮，可以改变光源的亮度，亮度大小可以从刻度盘上读出。实验时，主试者通常调节左旋钮确定左眼观察窗的亮度（标准刺激），然后被试者调节右旋钮，直到他认为左右观察窗的亮度一样时为止。通过两个刻度读数的差异，可知不同个体的明度感受性。

图6-7　EP405明度实验仪

本实验采用EP405明度实验仪进行测试。其主要参数如下：

（1）电源电压220V、50Hz。

（2）消耗功率25W。

（3）外形尺寸250mm×180mm×150mm。

（4）重量2kg。

『实验原理』

明度是有机体对物体表面亮度的感觉，明度亦是有机体的主观心理量是人体对亮度刺激的反映结果，因而对同一亮度的物体，个体的感觉也不一样。明度实验仪就是用来测量个体差异的一种常用心理实验仪器。

『实验内容』

利用明度实验仪进行人眼对亮度刺激感受性的实验。

『实验步骤』

（1）使用者接上电源打开电源开关。

（2）主试者旋转左调节旋钮从刻度盘上取出一定值，此时左眼观察窗的明度为标准刺激。

（3）被试者端坐仪器前面40cm处，以左观察窗的明度为准调节右旋钮，调至被试者认为左右观察窗明度为一致时报告给主试者。主试者比较左右刻度值并记录，此时左右刻度值的刻度差为被试者的个体差异。

『实验记录』

将实验数据记入表 6-7。

表 6-7　明度适应实验记录表

被试姓名	左刻度值	右刻度值	刻度差

『实验注意事项』

（1）爱护实验仪器，要轻拿轻放，防止磕碰损坏。

（2）实验结束后，要将所有仪器设备放置整齐以备后用。

『思考题』

（1）测试过程中，如果标准刺激调到最暗或者最亮时，被试者调节起来误差会出现什么变化？

（2）本实验的自变量和因变量分别是什么，因变量的作用是什么？

6.1.5　彩色分辨视野计实验

『实验目的』

通过实验学会彩色分辨视野计的正确使用，验证人的视野范围。

『实验仪器』

BD-Ⅱ-108 型彩色分辨视野计（见图 6-8）。

『实验原理』

视野是指当人的头部和眼球不动时，人眼能察觉到的空间范围，通常以角度表示。正常人的视野范围，在垂直面内，最大固定视野为 115°，扩大的视野为 150°；在水平面内，最大固定视野为 180°，扩大视野为 190°。如图 6-9 所示。

图 6-8　BD-Ⅱ-108 型彩色分辨视野计

1—底座；2—半圆弧；3—注视点；
4—下巴托；5—滑轮；6—分度销；
7—标尺；8—视野图；9—圆畔

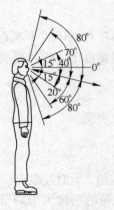

(a) 水平方向

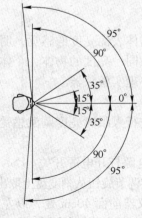

(b) 垂直方向

图 6-9　色觉视野

　　人眼最佳视区上下、左右视野均只有 1.5° 左右；良好视野范围，位于在垂直面内水平视线以下 30° 和水平面内零线左、右两侧各 15° 的范围内；有效视野范围，位于垂直面内水平视线以上 25°，以下 35°，在水平面内零线左右各 35° 的视野范围内。

　　在垂直面内，实际上人的自然视线低于水平视线，直立时低 15°，放松站立时低 30°，放松坐姿时低 40°。因此，视野范围在垂直面内的下界限也应随放松坐姿、放松立姿而改变。

　　色觉视野：不同颜色对人眼的刺激不同，所以视野也不同。白色视野最大，黄、蓝、红、绿色的视野依次渐小。

『实验步骤』

　　（1）把视野图纸安放在视野计背面圆盘上，学习在图纸上做记录的方法（记录时与被试反应的左右方位相反，上下方位颠倒）。

　　（2）主试者选择一种某一大小及颜色（如红色）的刺激。

　　（3）让被试者坐在视野计前，戴上遮眼罩把左眼遮起来，下巴放在仪器的支架上，用右眼注视正前方的黄色注视点，一定不要转动眼睛。同时用余光注意仪器的半圆弧。如果看到弧上有红色的圆点，或者原来看到了红色后来又消失了，要求立即报告出来。在红点消失前，觉得颜色的色调有何变化，也要及时报告。

　　（4）主试者将视野计的分度销拔出，转动圆盘，将弧放到 0~180° 的位置上。将销插入相应角度位置的孔中，固定圆盘。把弧上滑轮放在被试者左边的半个弧靠近中心注视点处，并移动滑轮将红色刺激由内向外慢慢移动。直到被试者看不见红色时为止，把这时红色刺激所在的位置用笔记录在视野图纸的相应位置上。然后再把红色刺激从最外向中心注视点移动，直到被试者报告刚刚看到红色时为止，用同样方法作记录。

　　（5）再按同样的程序，用红色刺激在被试者右边的半个弧上实验。但有一点不同，当红色刺激从内向外或从外向内移动的过程中，会产生红色刺激突然消失和再现的现象。把红色突然消失和再现的位置记下来，这就是盲点的位置。

　　（6）把视野计的弧依次放到 45°~225°、90°~270°、135°~315° 等位置上，再按上述程序测定红色的视野范围。每做完弧的一个位置休息 2min。

　　（7）按上述步骤分别测定黄、绿、蓝、白各色的视野范围，用相应颜色的笔把被试反应位置记在同一张视野图上。

　　（8）将另一张视野图纸安放在视野计的背面，让被试戴上遮眼罩，用左眼注视中心黄色注视点，按上述同样程序进行测定和记录

　　（9）询问被试者各彩色从视野中逐渐消失时感到色调有何变化。

『实验记录与结果处理』

　　（1）自行设计实验步骤，分别测定各色彩左、右眼的水平视野和垂直视野。

　　（2）比较左、右眼彩色视野的异同。

　　（3）确定各色彩视野范围。

　　（4）根据所测各彩色的视野，从大到小排顺序。

『思考题』

统计不同被试者的色彩视野范围并加以比较。

6.1.6　似动仪实验

『实验目的』

演示和测定心理似动感知，揭示似动现象的时间和空间因素。

『实验仪器』

DB-Ⅱ-107A 似动仪。

『实验原理』

似动现象是一种错觉性的运动知觉。它是在一定的条件刺激下，物体在空间没有位移而被知觉的运动。似动仪是演示和测定心理似动感知的仪器。

实验一般按下列方式进行：先呈现一个刺激，随后在不同空间位置再呈现一个相似的刺激。这样在两个刺激的强度、时距、空距适当的条件下，就会引起似动知觉，即亮点从先呈现的位置移到后呈现的位置。

『实验内容』

实验 1：附有长短错觉、飞鸟似动、线条似动、折线反转四张图案插片，可供调换使用。调整闪烁频率，演示四种似动现象。

实验 2：呈现亮点有两个，一个固定，一个可通过左右移动改变相互距离。

『实验步骤』

（1）接通并打开电源开关。拨动电源开关一侧的微拨开关，选择演示实验或者似动时空条件测定实验。要求被试离开观察面 1.5~2m 左右，并要在光线较暗处进行。

（2）调整亮点或亮面闪烁的频率。按红键一下，频率将增加 1 挡；如果不松手按下一段时间，频率将持续上升，升至 60Hz 将不再升。反之，按绿键一下，频率将降低 1 挡；如果不松手按下一段时间，频率将持续降低，降至 0.1Hz 将不再降。

（3）实验 1：插入长短错觉图案，将相继呈现两个简单的错觉图形，可见到中间线条的延长与缩短现象；插入两个飞鸟图案，能产生相当于鸟飞行的现象；插入两个相互垂直的线条图案，能产生直立线条轻轻倒下的现象；插入两个折线的图案，可观察到翻转现象。似动范围超出了刺激所在平面，形成空间运动形式。

（4）实验 2：实验时移动仪器一侧的刻度杆，定好两亮点之间的水平距离，即似动现象的空间条件。逐渐调整频率，被试者确定观察到的两点是同时出现或者先后出现或向一个方向移动。后者就是似动现象，得出相应频率。实验应在不同的距离下，重复多组实验。

『实验记录』

将实验的现象和感想记录下来，并总结似动现象。

『实验注意事项』

（1）按照实验大纲的要求操作，爱护实验仪器，要轻拿轻放，防止磕碰及损坏。

（2）实验结束后，要将所有仪器设备放置整齐以备后用。

6.1.7　记忆广度测试

『实验目的』

（1）学习用回忆法测定短时记忆的广度。

（2）了解短时记忆的特点和提取机制。

『实验仪器』

D-Ⅱ-407 型记忆广度测试仪。

『实验内容』

按照固定顺序逐一呈现一系列刺激之后，被试能够立刻正确再现刺激系列长度，所呈现的各刺激之间的时间间隔必须相等，再现的结果必须符合原来呈现顺序才算正确。实验要求完成两套从 3~16 位的数字编码的测试。每套编码中相同位数的 4 个数组成为一个位级，14 个位组为一套编码，数字从 0~9 随机组合。数字显示窗口从 3~16 位依次显示，每一位数字的显示时间为 0.7s。在标有码 1、码 2、计分、计时的面板上，当计分灯亮时，六位数码显示计分、计位；计时灯亮时，六位数码显示计时和计错。0202.00 表示基础位长为 2，基础分为 02.00 分。

实验结束分两种情况：

（1）实验中被试每答错一组数计错一次，如果连续答错 8 次，实验自动停止响蜂鸣。

（2）当被试者记忆完成 14 个位组，实验结束响蜂鸣。

『实验步骤』

1. 准备

接通电源，数码显示 0202.00。编码 1 灯、计分灯亮，此时对编码 1 测试。

2. 测试

（1）被试者手持键盘按"＊"键，显示窗口自动提取一个 3 位数组。当键盘上绿色指示灯亮后，被试者按呈现的顺序按动招租上相应的数字键回答，回答正确计 0.25 分。被试者再按"＊"键，接着提取下一个数组再次回答，如 4 个数组都答对计 1 分，位长加 1。如果答错，答错灯亮并响一下蜂鸣，计错一次。被试者记不住显示的数字，可按任一数字键，响蜂鸣提示出错，再按"＊"键，又提取下一组数码。如此循环，当听到长蜂鸣测试结束，主试者按"停蜂鸣"键，改变显示键状态，记录被试测试成绩。

（2）按"复位"键测试重新开始，将码 2 灯按亮，对编码 2 进行测试。

（3）在测试过程中，主试者也可随时更换码 1 和码 2。改变编码键状态后，再按"＊"键，测试将按照新的编码测试。

『实验记录』

实验数据的记录和整理可依据表 6-8 进行。

表 6-8　记忆广度测试数据记录表

编码	位数	时间/min	分数	出错次数
码 1				
码 2				

『思考题』

简述记忆广度的影响因素。

6.1.8 深度知觉测定

『实验目的』

深度知觉测试是测试人的视觉在深度上的视觉程度，通过测试可以了解双眼对距离或深度的视觉误差，也可以比较双眼和单眼在深度辨别中的差异。

『实验仪器』

BD2-104 深度知觉测试仪。

1. 主要技术指标

（1）比较刺激移动速度分快慢两挡：快挡 50mm/s，慢挡 25mm/s。

（2）比较刺激移动方向可逆：±200mm。

（3）比较刺激移动范围：400mm。

（4）比较刺激与标准刺激的横向距离：55mm。

（5）工作电压：220V，50Hz。

2. 工作原理

（1）BD2-104 深度知觉测试仪结构如图 6-10 所示。

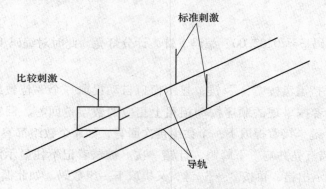

图 6-10　BD2-104 深度知觉测试仪结构

移动比较刺激，使之与标准刺激三点成一直线，在实验过程中，可测出被试者视觉在深度上的差异性。

（2）遥控器面板布置如图 6-11 所示。

（3）面板布置如图 6-12 所示。

『实验步骤』

（1）被试者在仪器前，视线与观察窗保持水平，固定头部，能看到仪器内两根立柱的中部。

（2）以仪器内其中一根立柱为标准刺激，距离被试 2m，位置固定；另一根可移动的立柱为变异刺激，被试者可以操纵电键前后移动。

（3）正式实验时，先由主试者将变异刺激调至任意位置，然后要求被试者仔细观察仪器内两根立柱，自由调整，直至被试者认为两根立柱在

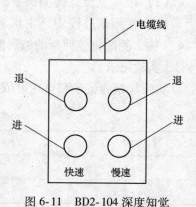

图 6-11　BD2-104 深度知觉
测试遥控器面板示意图

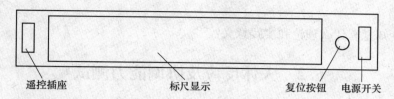

图 6-12　BD2-104 深度知觉测试面板示意图

同一水平线上，离眼睛的距离相等为止。被试者调整后，主试者记录两根立柱的实际误差值，填入下表中。

（4）正式实验时，先进行双眼观察 20 次，其中有 10 次是变异刺激在前，由近到远调整；有 10 次是变异刺激在后，由远到近调整。顺序和距离随机安排。

（5）用上述同样的方法进行 20 次单眼观察。

『实验记录与结果处理』

将测量数据记入表 6-9。

表 6-9　深度知觉测定记录表

观察条件 观察次数	双眼观察		单眼观察	
	远→近	近→远	远→近	近→远
1				
2				
3				
4				
5				
6				
7				
8				
9				
10				
平均值				

（1）计算双眼和单眼 20 次测量误差的平均数。

（2）计算在双眼观察情况下表示深度知觉阈限的视觉差。其计算公式（以弧秒计算）为：

$$\eta = \frac{\alpha x}{y(y - x)} \tag{6-2}$$

式中，η 为视觉差；α 为观察者两眼间的距离；x 为视差距离，即为判读误差（平均数）；y 为观察距离，即为被试距标准刺激的距离。

（3）根据全体被试双眼和单眼误差的平均数，用 t 检验的方法，检验双眼和单眼辨别远近的能力是否有显著差异。

『思考题』

研究深度知觉有什么理论和实践意义?

6.2　人体反应及协调能力测试

6.2.1　手指灵活性测试实验

『实验目的』

测定手指、手、手腕灵活性以及手眼协调能力。

『实验仪器』

采用 EP707A 型手指灵活性测试仪（图 6-13）。该仪器的主要技术参数如下:

（1）手指灵活性测试 100 孔。

（2）指尖灵活性测试 M6、M5、M4、M3 螺

栓各 25 个。

（3）计时范围 0~9999.99s。

（4）电源电压 220V，50Hz。

（5）消耗功率 10W。

（6）外形尺寸 505mm×310mm×48mm。

（7）重量 3.5kg。

『实验内容』

利用手指灵活测试仪测试手指与指尖的灵
活度。

『实验步骤』

1. 手指灵活性测试（插孔插板）

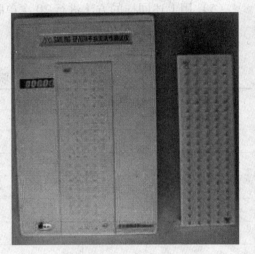

图 6-13　EP707A 型手指灵活测试仪

（1）使用者接上电源打开电源开关，此时
计时器即全部显示为 0000.00。然后插上手指灵活性插板（有 100 个 φ1.6mm 孔），按复
位按键被试即可进行测试。

（2）被试用优势手拿住镊子钳住 φ1.5 针，插入开始位，计时器开始计时。

（3）依次用镊子（从左至右，从上至下）钳住 φ1.5 针插满 100 个孔，最后插终止
位，计时会自动结束，记录下插入 100 个针所需要的时间。

（4）每次重新开始需按"复位"键清零。

2. 指尖灵活性测试

（1）使用者接上电源，打开电源开关，此时计时器即全部显示为 0000.00。然后插上
指尖灵活性插板（M6、M5、M4、M3 螺栓各 25 个），按复位按键即可进行测试。

（2）当被试者用优势手放入起始点第一个 M6 垫圈起，计时器开始计时，然后拧上螺
母，直至最后一个，计时器停止计时。

（3）每次重新开始需按"复位"键清零。

『实验记录』

将测试数据记入表 6-10 和表 6-11。

表 6-10　手指灵活性测试记录表

被试姓名	优势手	测试用时

表 6-11　指尖灵活性测试记录表

被试姓名	优势手	测试用时

『思考题』

（1）举出 5 种对手指灵活性要求较高的职业。

（2）结合生活实际，设想几种练习手指灵活性的方法。

6.2.2　双手调节测试

『实验目的』

了解动作学习中双手协调能力的测试方法。

『实验仪器』

本实验采用 BD-Ⅱ-302 型双手调节器（图 6-14）。主要技术指标如下：

（1）由两个摇把控制的和铅笔类似的针一个，两只手各持一个摇把。

（2）在金属板上有描绘的图案，带不同描绘图案的金属板两块。

（3）仪器的各部分均安装在一个三脚架上。

（4）一个指示灯（其电源为 3V 电池）或者选购计时计数器记录失败次数。

（5）针移动的范围：150mm×40mm。

（6）仪器的尺寸：370mm × 230mm ×300mm。

『实验内容』

利用双手调节器研究双手协调能力。

图 6-14　BD-Ⅱ-302 型双手调节器

『实验步骤』

（1）选择一块图案板（曲线板或字母板），固定于上层面板。将描针放在要求描绘图案的一端。

（2）将双手调节器与计时记录器连接。

（3）被试者双手置于摇把上，准备好后向主试报告，主试者开始同时按下计数器上"启动"键，此时计时开始，被试者从图案的一端描绘到另一端，不得接触图案的边缘。如被试者用以描绘的针碰到边缘，则计数器鸣响，并记录一次错误次数。

（4）主试者注视被试者完成描绘后，再次按下计数器上"启动"键，此时计时停止。记录被试者描绘整个图案所需要的全部时间与错误次数。

（5）被试者的描绘由描针完成。针的左右或前后移动都分别由两个摇把控制，因此正确描绘的速度与操纵两个摇把的双手动作协调性有关。

（6）描绘整个图案所需要的时间越短和所犯的错误越少，说明两手动作协调性越好。

『实验记录』

将测试数据记入表 6-12。

表 6-12　双手调节测试记录表

被试姓名	板块（曲线/字母）	所需时间	出错次数

『安全注意事项』

（1）爱护实验仪器，要轻拿轻放，防止磕碰损坏。

（2）实验结束后，要将所有仪器设备放置整齐以备后用。

『思考题』

（1）如果固定测试时间，那么对出错次数有什么影响。

（2）不固定时间测定时，测试次数对完成时间和出错次数的影响（用测试遍数作横坐标，用完成任务所用时间及出错次数为纵坐标，以每遍的结果确定在坐标上的位置，连接各点组成练习曲线）。

6.2.3　选择、简单反应时测定实验

『实验目的』

简单反应是比较视、听两种感觉器官反应时间的差别。仪器通过四个半导体四色发光二极管一起点亮作为光刺激，而声刺激则是通过仪器内部的压电蜂鸣器发出声响，用四孔光电反应键（任一孔）作为被试的反应部件。选择反应是比较在四种颜色的光刺激下的选择反应时间，仪器通过四个半导体四色发光二极管作为光刺激，用对应四种颜色的四孔光电反应键作为反应部件。

本实验主要用于反应时间的研究，分别测量在不同声、光条件下和在不同光色条件下

的反应速度。

『实验仪器』

实验采用 EP202/203 型反应时运动时测定仪（图 6-15）。其主要技术参数如下：

（1）测时范围：100μs～99.9999s；

（2）使用环境温度：0～40℃；

（3）分辨率：100μs；

（4）精度：1/10000±1 个字；

（5）时间显示：8 位高亮度 LED 数码管；

（6）刺激呈现：红、绿、黄、蓝半导体发光二极管，压电蜂鸣器；

（7）反应键：四孔光电式无触点反应键；

（8）使用电源：交流 220V±22V50Hz；

（9）消耗功率：10W；

（10）反应键盘尺寸：95mm×50mm×9mm；

（11）外形尺寸：230mm×170mm×65mm；

（12）重量：1kg。

图 6-15　EP202/203 型反应时运动时测试仪

『实验内容』

比较视、听两种感觉器官的反应时间，以及不同声、光条件下和不同光色条件下的反应速度。

『实验步骤』

1. 选择反应时的测定

熟悉仪器的面板及使用（图 6-16）。将光电反应键盘的 RS2329 芯插头插入主机上的

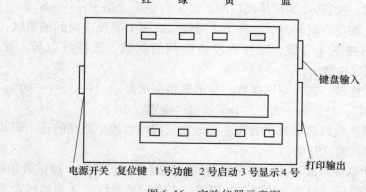

图 6-16　实验仪器示意图

插座，如要接打印机，请将连接打印机的 RS23225 芯插头也插入主机上对应的插座上。将主机连接 220V 交流电源的插头插入 220V 电网的插座上。确认所有连接无误、可靠后，打开主机上的电源开关，此时显示器显示 "n1----n4"：

（1）按下 1 号键，选择 n1 为选择反应时，显示器显示 "------20"，为测试次数。

（2）按动 1 号功能键，选择测试次数，显示器将依次显示 "------40"，"------60"，"------80"，"-----20"，本仪器自动设置在 20 次。

（3）选择好测试次数以后，主试者按下 2 号启动键，测试开始。

（4）四种颜色的光刺激将自动呈现，呈现次序是无规则的，但每一种颜色刺激的呈现总次数是设置测试次数的 1/4。如测试次数为 20 次，则每一种颜色的呈现总次数为 5 次；如测试次数为 60 次，则每一种颜色的呈现总次数为 15 次。

（5）被试者根据不同颜色刺激的呈现，用手指按下反应键盘上的对应颜色的圆孔，按错一次仪器将自动按出错处理，其时间不计入统计。如时间超过 99.9999s，也按出错处理。

（6）当所设置的测试次数完成后，仪器内的蜂鸣器自动鸣响 1s，以告知实验结束。

（7）连续按动 3 号显示键，显示器将依次显示：

1—＃＃＃＃＃ 总平均时间

2—＃＃＃＃＃ 红颜色的平均反应时间

3—＃＃＃＃＃ 绿颜色的平均反应时间

4—＃＃＃＃＃ 蓝颜色的平均反应时间

5—＃＃＃＃＃ 黄颜色的平均反应时间

6—＃＃＃＃＃ 实验所设置的测试次数

7—————＃＃ 出错次数

（8）如需进行新的实验，按下复位键，仪器复位，再按以上说明进行操作。

2. 简单反应时的测定

将光电反应键盘的 RS232-9 芯插头插入主机上的插座。如要接打印机，请将连接打印机的 RS232-25 芯插头也插入主机上对应的插座上。将主机连接 220V 交流电源的插头插入 220 伏电网的插座上。确认所有连接无误、可靠后，打开主机上的电源开关，此时显示器显示 "n1----n4"：

（1）按下 4 号键，选择 n4 为简单反应时，显示器显示 "L------S"。

（2）如需进行光的反应时间测试，按下 1 号键，选择 L 光反应时间的测试；如选择声的反应时间测试，则按下 4 号键，选择声反应时间的测试。选择好以后，显示器显示 "------20" 及测试次数。

（3）按动 1 号功能键，选择测试次数，显示器将依次显示 "------40"，"------60"，"------80"，"-----20"，本仪器自动设置在 20 次。

（4）选择好测试次数以后，被试者将手指放在反应键盘四个圆孔的任一圆孔之中，主试者按下 2 号启动键，测试开始。

（5）仪器将自动呈现声或者光（四种颜色的灯同时点亮）刺激，被试者根据声（光）刺激的呈现，手指离开反应键盘上的圆孔，仪器将自动记录刺激呈现到被试者手指离开反应键盘圆孔之间的时间，为声（光）的反应时间。

（6）实验途中，如被试者手指不放回反应键盘的圆孔之中，仪器将自动进入等待状态，直到被试者手指重新放回反应键盘圆孔之中，进行下一次测试。

（7）当所设置的测试次数完成后，仪器内的蜂鸣器自动鸣响 1s，告知实验结束。

（8）连续按动 3 号显示键，显示器将依次显示：

1—＃＃＃＃＃ 平均反应时间

2—————＃＃ 实验所设置的测试次数

（9）如需进行新的实验，按下复位键，仪器复位，再按以上的说明进行操作。

『实验记录』

要求每位被试者除记录自己的实验数据外，至少收集五名其他被试者的实验数据，分别算出所收集所有被试者的简单反应时和选择反应时的平均数和标准差，见表 6-13 和表 6-14。

表 6-13　选择反应时数据记录表

被试者姓名	总平均时间	红颜色的平均反应时间	绿颜色的平均反应时间	蓝颜色的平均反应时间	黄颜色的平均反应时间	测试次数	出错次数
						10	
						20	
						10	
						20	

表 6-14　简单反应时数据记录表

被试者姓名	刺激源（声/光）	测试次数	平均反应时间

『实验注意事项』

（1）爱护实验仪器，要轻拿轻放，防止磕碰损坏。

（2）实验结束后，要将所有仪器设备放置整齐，以备后用。

『思考题』

（1）比较选择反应时与简单反应时的差异，并说明原因。

（2）根据测定结果讨论反应时的个体差异。

6.2.4　运动时测试实验

『实验目的』

检验优势手反应时和运动时是否相关，学习测量运动时的方法。

『实验仪器』

实验采用 BD-Ⅱ-513 型反应时运动时测试仪。仪器由控制器、被试者专用键盘箱与敲击板三部分组成（图 6-17）。主要技术指标如下：

（1）本仪器设有四种实验：

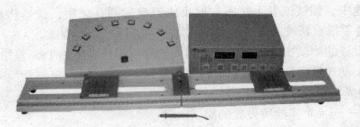

图 6-17　BD-Ⅱ-513 型反应时运动时测试仪

实验Ⅰ：测试反应时及 8 个防卫键的运动时；

实验Ⅱ：测试反应时及 6 个不同距离的运动时；

实验Ⅲ：测试在定时 1min 或 0.5min 内的敲击次数；

实验Ⅳ：测试正确完成一套规定的编码
敲击运作所需要的总时间、反应时、运动时、
运动完成时和敲击总次数。编码方式：
153426 或 514362。

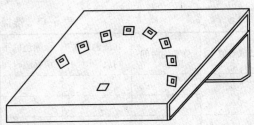

图 6-18　被试专用键盘箱示意图

（2）实验Ⅰ采用被试专用键盘箱。1 个
反应键，8 个方向的运动键，反应键与运动键
之间距离 140mm，面板 16° 倾斜（见图 6-
18），各键上都有指示灯。

（3）实验Ⅱ、Ⅲ、Ⅳ采用被试专用敲击板。其由一块带指标灯的中央板，六块敲击板
以及一个敲击棒组成（见图 6-19）。敲击板左右各三块，左三块编号为 123，右三块编号
为 456。在敲击板的内侧设有标尺，主试者可按实验要求，调节各板的左右距离。总长度
800mm，可折叠。

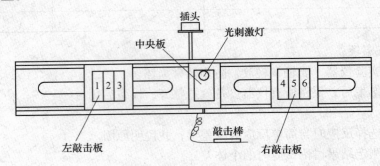

图 6-19　敲击板示意图

（4）控制箱前面板为主试面板（见图 6-20）设有 7 个数码管，指示反应时间、次数
等。设有表示明显内容的指标灯。后面板中央为被试专用键盘箱或敲击板的联线插座，下
方设有微型打印机（选配件）的输出插座。

（5）仪器自动判别相接的是专用键盘箱还是敲击板。

（6）反应时或实验Ⅲ开始的信号刺激方式选择：声、光各自呈现及声光同时呈现。

（7）实验开始都以反应键按下或敲击棒点在中央板上等待为条件，并有一定预备时

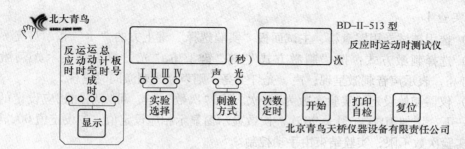

图 6-20 仪器主试面板图

间。如事先抬起，会有声光闪烁报警。

（8）实验Ⅰ、Ⅱ实验次数设定：10～90 次（每挡 10 次）或者不限，最大实验次数：99 次。

（9）实验Ⅲ定时：1min（60s）或 0.5min（30s）。

（10）实验Ⅲ最大敲击次数：999 次。

（11）反应时：0.001～9.999s；运动时：0.001～9.999s；运动完成时：0.001～99.999s。

（12）可选购微型打印机（串口，波特率 12000），打印实验结果，得到详细实验数据。

（13）电源：～220V±10%，50Hz。

（14）工作环境：温度 0～40℃，相对湿度<80%。

『实验原理』

反应时间指的是从刺激呈现到外部反应开始所用的时间，运动时间指的是从开始运动到运动完成所用的时间。反应时间反映的是知觉过程所需要的时间，它和刺激呈现以前被试的准备状态有关；而运动时间反映的是运动过程所需要的时间，它和运动的距离以及要击中目标的难度有关。因为知觉和运动是两种性质不同的过程，所以反应时间和运动时间不应该有显著的相关。这个观点已被 P. M. Fitts 等人的实验研究证明。

P. M. Fitts 等人用来和运动比较的是选择反应时间，且被试者只有 6 人，严格地说，只用 6 个人的实验结果求相关是很不可靠的。北京大学杨博民等人曾用 80 名被试者，对简单反应时间和运动时间做了对比研究，结果表明，两者的相关系数如果用手反应为 0.21，用脚反应为 0.29，虽然都达到了显著水平，但因相关系数太小，对于预测来说还是没有多大意义。

『实验内容』

利用反应时运动时测试仪测试从刺激呈现到外部反应开始所用的时间，以及从开始运动到运动完成所用的时间。

『实验步骤』

依实验内容，先把被试专用键盘箱或敲击板上的插头与仪器后面板上的插座插好。如配用微型打印机，则先接专用电源，再将打印机电缆插头，插入机壳背面左方的插座中。

接通电源，打开电源。

1. 实验 I

（1）选用被试专用键盘箱，主试面板"实验选择"键上方的"I"指示灯亮。

（2）选择刺激方式：按"刺激方式"键，键上方"光"灯亮，表示光刺激呈现；"声"灯亮，表示声音刺激呈现；声、光灯全亮，则声、光刺激同时呈现。

（3）仪器初始设定的实验次数为 10 次。按"次数"键，可以增加相应设定的次数，每按键一下，增加 10 次，最大 90 次。次数显示窗显示相应设定值。如设定值 00，则表明设定的实验次数不限，实验结束由手动控制。

（4）主试者按"开始"键，实验开始。

（5）被试者用食指按下键箱面板下方中央的"反应"键，进入预备状态；否则会声光闪烁报警，提示被试者按下"反应"键。

（6）按下并经过预备等待后，依刺激方式，反应键指示灯亮或刺激声响或两者同时呈现，被试者应立即抬起食指，同时观察 8 个"运动"键中哪一个指示灯亮，迅速用食指将亮灯的键压下，灯灭，即完成一次实验。从反应声或光刺激开始至抬起食指的时间，即为被试者的"反应时"；同时，抬起食指至按运动键的时间为被试者的"运动时"。被试者在实验过程中，如果错按"运动"键，则蜂鸣器报警，被试者应迅速纠正按下亮灯的反应键，仪器记下一次错误次数，可供打印输出。其运动键方位完全随机选定。实验过程中，实时显示实验次数、反应时和运动时。

（7）被试者每次实验后，必须马上返回按下"反应"键。回到第五步，准备下次实验。如不设定为 00，则按实验次数达到相应次数后，长声响，实验自动结束；如不设定为 00，则按"打印"键，实验结束。

（8）显示平均反应时与平均运动时。可按"显示"键分别显示，对应其键上指示灯亮。

（9）按"打印"键，如已接打印机，则打印输出实验结果，打印出刺激方式（mode）、实验次数（EXP. N）、错误次数（ERR. N）、反应时（reaction time）及运动时（motion time）的累加值（Σ）、平均值（AV）。

（10）实验重新开始，必须按"复位"键，回到第（2）步。

注意：在实验过程中，规定被试者只能用一个食指进行实验操作，不得一指按"反应"键，另一指按"运动"键。实验不宜在强光下进行。

2. 实验 II

（1）选用敲击板，调整中央板至中间位置，左右敲击板调整至适当距离，并记录其位置值。可按主试面板"实验选择"键，使其上方的"II"指示灯亮。

（2）选择刺激方式。按"刺激方式"键，键上方的"光"灯亮，表示光刺激呈现；"声"灯亮，表示声音刺激呈现；"声"、"光"灯全亮，则声、光刺激同时呈现。

（3）仪器初始设定的实验次数为 10 次。按"次数"键，可以增加相应设定的次数，每按键一下，增加 10 次，最大 90 次。次数显示窗相应显示设定值。如设定值 0 次，则表明设定的实验次数不限。实验结束由手动控制。

（4）主试者按"开始"键，实验开始。

（5）被试者用优势手拿好敲击棒，把敲击棒点在中央板上等待，进入预备状态，否则会声光闪烁报警，提示被试敲击棒点在中央板上。

（6）经过预备等待后，刺激方式，中央板上指示灯亮或刺激声响或二者同时呈现。被试者受声或光刺激后立即抬起敲击棒，并用敲击棒去敲旁边的金属板，要求反应和动作又快又准。究竟去敲击左边还是右边的那一块敲击板，由被试者自行设定或主试者规定。此时，被试者做完了一次实验。实验过程中，实时显示实验次数、反应时、运动时。被试者接受声或光刺激到抬起敲击棒所用的时间为反应时；被试抬起敲击棒到敲击棒击到旁边的金属板上所用的时间为运动时。

（7）被试者每次实验后，必须马上返回把敲击棒点在中央板上等待。回到第（5）步，准备下次实验。如设定的实验次数不为 00，则实验次数达到相应次数后，长声响，实验自动结束；如设定为 00，则按"打印"键，实验结束。

（8）显示平均反应时与总平均运动时及各板的平均运动时，可按"显示"键分别显示，其对应键上方指示灯亮。显示各板的平均运动时时，次数窗口显示"板号"，并且显示上方的"板号"指示灯亮。如此板没有进行运动时实验，则显示"----"。

（9）按"打印"键。如已接打印机，则打印输出实验结果，打印出刺激方式（mode）、实验次数（EXP. N）、反应时（reaction time）、各板号（P）运动时（motion time）的平均值（AV）与次数（N）以及总的平均运动时（Σ）。

（10）实验重新开始，必须按"复位"键，回到第（2）步。

3. 实验Ⅲ

（1）选用敲击板，调整中央板至中间位置，左右敲击板调整至适当距离，并记录其位置值。

（2）按主试面板"实验选择"键，使其上方的"Ⅲ"指示灯亮。

（3）选择实验开始信号：按"刺激方式"键，键上方的"光"灯亮，表示光刺激呈现；"声"灯亮，表示声音刺激呈现；"声、光"灯全亮，则声、光刺激同时呈现。

（4）选择实验定时时间：按"次数/定时"键，时间显示窗口会显示"30.00"或"60.00"秒，即 0.5 或 1min。

（5）主试按"开始"键，实验开始。

（6）被试用优势手拿好敲击棒，把敲击棒点在中央板等待，进入预备状态，否则会声光闪烁报警，提示被试敲击棒点在中央板上。

（7）经过预备等待后，依刺激方式，中央板上提示灯亮或刺激声响或两者同时呈现。被试受声或光刺激后立即抬起敲击棒，并用敲击棒去敲旁边的金属板，要求反应和动作又快又准。主试者可规定好左右敲击的程序。例如：规定左边敲 4 号板，右边敲 4 号板，或左右任意敲。左输入与右输入是互锁的，当敲击右击板的第一下后，该板即被锁住，并开放左击板。所以必须轮流敲击。

（8）被试者按照规定的程序尽快左右敲击，直到定时时间到，长声响，停止敲击，实验自动结束。实验过程中，实时计时显示。

（9）显示时间与敲击总数以及各板的敲击次数，可按"显示"键分别显示。显示个板的敲击次数时，时间窗口显示"板号"，并且显示键上方的"板号"指示灯亮。

（10）按"打印"键。如已接打印机，则打印输出实验结果，打印出刺激方式（Mode）、定时时间（Time）、各板号（P）的敲击次数（N）与总次数（Σ）。

（11）实验重新开始，必须按"复位"键，回到第（2）步。

4. 实验Ⅳ

（1）选择敲击板，调整中央板至中间位置，左右敲击板调整至适当距离，并记录其位置值。

（2）按主试面板"实验选择"键，使其上方的"Ⅳ"指示灯亮。

（3）选择刺激方式：按"刺激方式"键，键上方的"光"灯亮，表示光刺激呈现；"声"灯亮，表示声音刺激呈现；"声、光"灯全亮，则声、光刺激同时呈现。

（4）被试熟悉敲击编码：153426 或 514362（参看敲击板示意图编号），从两种编码中选择一种，并记住。选择何组编码，由第一个敲击是左或右自动确定。

（5）主试者按"开始"键，实验开始。

（6）被试者用优势手拿好敲击棒，把敲击棒点在中央板上等待，进入预备状态；否则会声光闪烁报警，提示被试敲击棒点在中央板上。

（7）经过预备等待后，依刺激方式，中央板上指示灯亮或刺激声响或两者同时呈现。被试受声或光刺激后立即抬起敲击棒，并且一次敲击一组编码。如果敲错，会蜂鸣报警，应及时改正。改正方法是如果左击错时，必须右边敲一下，再从左纠正。同样，右击错时，必须左敲一下，再从右纠正。

（8）当正确地敲完一组编码后，计时立即停止，长声响。此时可按"显示"键分别显示被试者的成绩：反应时、运动时、运动完成时、总计时及敲击总次数：

反应时：被试接到声或光刺激信号，抬起敲击棒的时间；

运动时：从抬起敲击棒到敲击第一块板的时间；

运动完成时：从敲第一块板到正确敲完一组编码时间；

总计时：从启动到停止的总时间；

敲击总次数：把敲击在左右击板上的正确和错误的次数累计，可用来判断敲击的准确度，一次正确敲击次数为 6 次。

（9）实验重新开始，必须按"复位"键回到第（2）步。

『实验记录』

要求每位被试者除记录自己的实验数据外，至少收集 5 位其他被试者的实验数据（表6-15～表6-18）。

表 6-15　实验 I 数据记录表

被试者姓名	优势手（左/右）	刺激源（声/光）		实验次数	错误次数	反应时平均值	运动时平均值

注：反应时平均值＝反应时累次数和/实验总次数；
　　运动时平均值＝运动时累计和/实验总次数。

表 6-16 实验 II 数据记录表

被试者姓名	优势手（左/右）	刺激源（声/光）	敲击次数	反应时平均值	运动时平均值

注：反应时平均值=反应时累次和/实验总次数；
运动时平均值=运动时累计和/实验总次数。

表 6-17 实验 III 数据记录表

被试者姓名	优势手（左/右）	刺激源（声/光）	定时时长（60/30s）	敲击总次数	正确率/%

注：正确率=正确敲击次数/敲击总次数×100%。

表 6-18 实验 VI 记录表

被试者姓名	优势手	编码	反应时	运动时	完成时	总计时	总次数

『思考题』

（1）一个人的工作效率与他的反应速度是否有关，为什么，如何用实验来检验？

（2）一个优秀的短跑运动员是他的起跑快还是跑的速度快，还是两者兼有？

（3）如果要了解反应时 RT 和运动时 MT 的关系是否随年龄而变化，应如何设计实验进行讨论？

6.2.5 注意力集中能力测定

『实验目的』

注意力集中是指注意能较长时间集中于一定的对象，而没有松弛或分散的现象。本实验通过测定被试的注意集中能力。

『实验仪器』

采用 BD-Ⅱ-310 型注意力集中能力测试仪器，主要由一个可换不同测试板的转盘及控制、计时、计数系统组成。该仪器的主要技术参数如下：

(1) 定时时间：1~9999.999s。

(2) 正确、失败时间：范围：0~9999.999s，精度：1ms。

(3) 最大失败次数：999 次。

(4) 测试盘转速：10, 20, 30, 40, 50, 60, 70, 80, 90r/min。

(5) 测试盘转向：顺时针或逆时针。

(6) 数字显示：8 位。

(7) 测试棒：L 形，光接收型。

(8) 测试板：3 块可方便调换，图案为圆形、等腰三角形和正方形。

(9) 干扰源：喇叭或耳机噪声，音量可调。

(10) 箱内光源：环形日光灯，22W。

(11) 外形尺寸：320mm×320mm×140mm。

『实验内容』

测试被试者的视觉——动觉协调能力。

『实验步骤』

(1) 仪器上下两层结构。下层为控制电器部分，上层为光源及测试转盘部分。上层可以打开，拧开测试板中央四个螺丝调换所选择的测试板。

(2) 测试棒插头插入后面板的插座中。如用耳机，则耳机插头插入后面板的插座中。

(3) 接通电源，打开电源开关。日光灯启动时，可能对数码显示有干扰，可按"复位"键恢复正常。

(4) 选择转盘转速：按下转速键一次，其转速显示加 1，即转速增加 10r/min，超过90r/min，自动回零。如转速显示为 0，则电机停止转动。选择的转速依测定内容而定，如测定注意力集中能力，则可选择慢速，减少动作协调能力的影响。

(5) 选择转盘转动方向：按下"转向"键一次，其键右侧"正"、"反"亮表示转盘逆时针转动。如转盘正在转动中，每按一次"转向"键，转盘变化一次转动方向。经一定时间后，转盘达到指定的转速。

(6) 选择定时时间：按"定时时间"的各拨码"+"、"-"键确定实验时间，其时间值实时显示于"成功时间"的显示窗上。

(7) 拨后面板的开关，选择噪声由喇叭或耳机发出。喇叭声的音量可以由后面板的旋钮调节，耳机的音量可以由耳机上左、右耳两个旋钮分别调整。

(8) 被试者用测试棒追踪光斑目标。当被试者准备好后，主试者按"测试"键，这时此键左上角指示灯亮，同时喇叭或耳机发出噪声，表示实验开始。被试者追踪时，要尽量将测试棒停在运动的光斑目标上，以测试棒停留时间作为注意力集中能力的指标。实时显示其时间，即成功时间；同时实时记录下追踪过程中测试棒离开光斑目标的次数，即失败次数。

(9) 到了选定的测试定时时间，"测试"键左上角指示灯灭，同时噪声结束，表示追踪实验结束。

（10）复位：测试过程中，要中断实验，必须按"复位"键；一次测试结束后要重新开始新的实验，也必须按"复位"键。按下后，成功时间显示定时时间，失败次数清零，回到第4步。

『实验记录』

将实验数据记入表6-19。

表6-19　注意力集中实验记录表

测试人员	测试条件		测试结果		
			成功时间/s	失败时间/s	失败次数
	转盘转速/r·min⁻¹				
	转盘转向				
	测试板形状				
	噪声干扰情况				
	转盘转速/r·min⁻¹				
	转盘转向				
	测试板形状				
	噪声干扰情况				

『实验注意事项』

（1）工作时室内光线不宜太强；

（2）测试棒触靶用力不宜过大；

（3）按"转速"键升速度，如按动过快，会不响应；按"转向"或"复位"键，正在转动过程中，转速需慢慢达到指定的转速，这过程中按其他键都不响应。

（4）不宜用紫外光源照射；

（5）实验完毕，必须切断电源。

（6）如仪器的正面玻璃在运输过程中破碎，可按下面办法修复：

1）裁一块普通平板玻璃（厚3mm），大小295mm×295mm，注意尺寸要准确；

2）清理干净碎玻璃，此工作要小心，当心划破手；

3）拆下玻璃边框压条；

4）装入玻璃及铁板，黑色铁板为衬；

5）重新固定玻璃压条。

『思考题』

（1）分析人的集中注意能力受哪些因素的干扰。

（2）分析不同人员的集中注意能力的差异。

6.2.6　注意分配实验

『实验目的』

通过注意分配仪的操作，验证注意分配的可能性与条件。可用于研究动作、学习的进程和疲劳现象。

『实验仪器』

采用 BD-Ⅱ-314 型注意分配实验仪，由单片机及有关控制电路，主试面板、被试面板等部分组成。主试按控制键确定内容、数及方式。电脑芯片按控制软件所定顺序呈现刺激。被试根据刺激按对应的反应键，反应信号经整形送入电脑芯片，经正误判别、时间统计，最后结果经锁存、驱动，数码管显示。

操作面板上设有八路光刺激和对应八路反应键。操作面板上设有三路声刺激和对应三路反应键。操作面板上有六位数码显示。

该仪器的主要技术参数如下：

（1）最大计时时间：9999s；

（2）设置次数范围：10、20、40、50 次；

（3）正确次数显示范围：0~99 次；

（4）计时精度：0.1%±1 个字。

使用方法：

（1）呈现刺激设置，在接通电源或复位后，闪烁显示——LED，进入刺激选择。按"声/光"键，显示——Led，表示选择的为光刺激；显示 SOU——Ld，表示选择的为声+光刺激；显示—SOUND，表示选择的为声刺激。

（2）呈现次数设置，按"显示"键，显示 Con——10，进入次数选择。按"次数"键，显示 Con——10，表示选择次数为 10 次；显示 Con——20，表示选择次数为 20 次；显示 Con——40，表示选择次数为 40 次；显示 Con——50，表示选择次数为 50 次。

（3）声刺激适应，在设置过程中，被试按"红"键，呈现高音。被试按"绿"键，呈现中音；被试按"灰"键，呈现低音。

（4）按"启动"键，开始测试，随机呈现刺激，按对应键反应，直至完成选择的次数。

（5）测量完毕按"显示"键。显示 XXXXXX 秒，为完成任务总时间；显示 YES-XX 次，为正确次数；显示 XXXXXX 毫秒，为正确的平均时间。

（6）记录完毕，按"复位"键，为下次实验做好准备。

『实验步骤』

（1）根据实验需求，按使用方法（1）、（2）设置参数。

（2）按使用方法（3），让被试者适应三种声音。

（3）实验指导语：这是测试注意分配的实验。下面将按三个阶段进行：

1）第一阶段是呈现光刺激，面板上有八个灯将会随机呈现，哪个灯亮你就按对应的那个键。手离键后，稍等片刻再会随机呈现光刺激，你再作反应…，直至完成设置的次数。

2）第二阶段是呈现声刺激，仪器内有高、中、低音将会随机呈现，听到哪种声响就按对应的键。手离键后稍等片刻，再会随机呈现声刺激，你再作反应…，直至完成设置的次数。

3）第三阶段是同时呈现声光刺激，面板上八个灯将会随机呈现的，同时，将会随机呈现高、中、低音。哪个灯亮你就按对应的键，哪种声音响你就按对应的键。手离键后，稍等片刻再会随机呈现刺激，你再作反应…，直至完成设置的次数。

（4）被试者在理解指导语后，主试者按指导语的三个阶段分别设置参数，按"启动"键开始实验。

（5）阶段实验结束后，主试者按"显示"键，记录实验结果。

『实验记录』

（1）记录被试者三个阶段的所用时间、正确次数（表6-20）。

表 6-20　注意分配实验数据记录表

项目	第一阶段（光刺激）	第二阶段（声刺激）	第三阶段（声、光刺激）
完成任务所用时间/s			
整个过程出错次数			

（2）计算被试者三个阶段的工作效率（平均时间＝所用时间/正确次数）。

（3）计算注意分配值。

『思考题』

（1）根据测试结果，分析说明影响注意分配的条件及注意分配的可能性。

（2）分析注意分配的个体差异。

6.3　人的可靠性实验

6.3.1　动觉方位辨别能力的测定

『实验目的』

掌握左右臂位移的动觉感觉性的测量方法。

『实验仪器』

采用 EP207 动觉方位辨别仪（图6-21）。该仪器的主要组成部分如下：

（1）一个半圆仪和与半圆仪圆心处的轴相连的一个鞍座（滑动臂）。

（2）九个制止器座套及三个制止器，圆周上 0°到 30°是间隔 30°，在 30°到 150°之间间隔 20°。

（3）对各度数的标记共有两行，上行度数按顺时针方向，下行度数按逆时针方向。

（4）滑动臂下面有活动挡块，两侧有螺丝限位，调节螺丝可微调滑动臂与指针和刻度三者之间的误差。

图 6-21　EP207 动觉方位辨别仪

『实验内容』

利用动觉方位辨别仪测试手臂的动觉感觉性。

『实验步骤』

（1）被试者遮上眼睛，根据实验要求在某一制止器套座上插上制止器。

（2）被试者把胳臂放在滑动臂上，并根据被试者手臂的长短在被试者的中指与食指之间选择一个合适的螺孔（共有三个螺孔）旋上手指夹杆，让被试者的食指和夹住夹杆。

（3）如被试者用右臂，就必须按顺时针方向摆动，左臂则按逆时针方向摆动。

（4）被试者摆动手臂，直到碰到制止器为止时。被试者记住自己手臂的位置后，手臂复位。

（5）主试者拿去制止器，然后让被试重新摆动手臂，被试者如感到和刚才位置相同时，告知主试。

（6）主试者则通过滑动臂下的红指针所指刻度数和制止器所放在的位置的误差值，了解被试者辨别自我身体姿态和身体某一部分运动的内部感觉能力。

（7）按上述程序重做几次，并将结果进行比较，检验被试练习动觉感受性是否提高。

『实验记录』

如果要检验通过练习动觉感受性是否提高，应按上述程序重做几遍并将结果进行比较（表 6-21）。

表 6-21　动觉方位辨别能力数据记录表

被试者姓名	手臂（左/右）	制止器刻度	实际刻度	误差值

『安全注意事项』

（1）被试者摆动滑动臂时，应该慢慢地转动，左右方向用力，不能向下用力，以免损坏滑动臂和制止器。要爱护实验仪器，要轻拿轻放，防止磕碰损坏。

（2）实验结束后，要将所有仪器设备放置整齐以备后用。

『思考题』

（1）实验环境嘈杂与否是否会影响实验者的情绪，从而间接影响数据的准确性？

（2）如果主试者观察到前后两次数据偏差较大，是否应该选择再次观察记录，而选择与前几次的数据比较相近的观察结果，这样会造成什么影响？

6.3.2　动作稳定性测试

『实验目的』

为测验保持手臂稳定能力之用，也可以间接测定情绪的稳定程度。

『实验仪器』

本实验采用 BD-Ⅱ-304A 型动作稳定器进行测试（图 6-22）。

主要技术指标：

（1）九洞：直径分别为 2.5，3，3.5，4，4.5，5，6，8，12mm。

（2）曲线槽：中央最宽处宽度为 10mm，边缘最小宽度 2.2mm。

（3）楔形槽最大宽度为 10mm，最小宽度为 1.6mm。

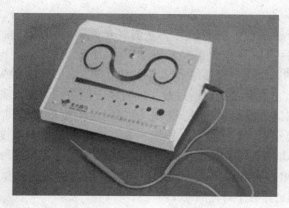

图 6-22　BD-Ⅱ-304A 型动作稳定器

（4）测试面：45°倾斜。

（5）一个带绝缘棒的金属测试针，测试针直径为 1.5mm。

（6）电池：DC6V 电源适配器。

（7）碰边蜂鸣器报警。可选购计数器，记录碰边次数。

（8）可选购 BD-Ⅱ-308A 型定时计时计数器。

『实验原理』

如果不用直尺让你任意画一条约 30cm 长的直线，你会觉得完成这个任务并不太难。但是如果固定画线的方向，而且在这个方向的两边规定一个较窄的宽度，要求直线不能画出这个范围，要画成这条直线就不太容易了。因为它要求手的动作有较高的稳定性，画线时也要高度集中注意力。T. L. Bolton 曾按这种要求制成一种仪器，用这种仪器画线，就可测定手画线运动的稳定性。前人在有关的实验研究中发现下列一些事实：

（1）手臂动作的稳定性随年龄增长而提高，尤其 6~8 岁时最明显；

（2）右手的运动稳定性超过左手；

（3）W. L. Bryan 根据 700 个孩子的实验结果发现，男孩的两手稳定性都超过女孩的有 51.5%，女孩超过男孩的只有 35.3%，男女相等的有 13.4%；

（4）Bolton 和 H. B. Thompson 发现运动的方向对稳定性有影响：画线从离开身体较远处开始向接近身体的方向画时，稳定性较高；当向离开身体的方向画线时，稳定性较低。动作稳定性也是情绪稳定程度的外在表现。

『实验内容』

利用动作稳定器测试手臂的动作稳定性。

『实验步骤』

（1）准备工作。

1）将直流电源插头插入仪器后侧的插孔内，再将电源变换器接入市电 220V 插座。

2）将动作稳定器与计时计数器连接。

3）将测试针的插头，插入仪器盒的右侧插座中。将测试针插入前面板之洞或槽中，并与中隔板接触，前面板上部中间发光管将亮；将测试针与洞或槽的边缘接触，盒内蜂鸣器将发出声响。

（2）实验进程。

1）九洞测试。令被试者手握测试针，悬肘，悬腕，将金属针垂直插入最大直径的洞内直至中隔板，灯亮后再将棒拔出。然后按大小顺序重复以上动作。插入和拔出金属针时，均不允许接触洞的边缘，一经接触蜂鸣器即发出声音，表示实验失败。只有在插入和拔出时皆未碰边才算通过。九洞测试以通过最小的直径之倒数作为被试者手臂稳定性的指标。

2）曲线或楔形测试。将金属针插入楔形槽左侧最大宽度处或曲线槽中央最大宽度处（必须插到与中隔板接触）。然后悬臂，悬腕，垂直地将针沿槽向宽度减小的方向平移，至最小宽度处为止，移动时不与中隔板接触。此过程中均不允许针接触槽的边缘，如有接触发生，则蜂鸣器会发出声音。以不碰边时的最小宽度值之倒数为被试手臂稳定性指标。

3）定量测试。（配合数字计时计数器）

①将连线插头插入仪器盒左侧插座（右侧是测试针插座）中；另一头两线连接计时计数器，其中黑（或白）线与计时计数器后面的接线柱"地"相连，绿（或红，或黄）线与接线柱"计数"相连。打开计时计数器。

②九洞、曲线或楔形槽测试同上。每次实验开始时，按计时计数器"开始"键，开始计时。如金属针与洞、曲线或楔的边缘接触一次，则计时计数器计数一次。

③实验可以记录下被试移动整个曲线或楔形的时间及接触边缘次数，也可以记录被试者在某一洞或曲线、楔某一位置稳定停留的时间，或某确定时间内接触边缘次数。

4）稳定性指标可用（碰边次数×时间）之倒数表示，碰边次数越多、时间越长，则稳定性越差。

『实验记录』

将实验数据记入表 6-22。

表 6-22　动作稳定性测试记录表

被试姓名	试验方式	稳定性指标（1/碰边次数×时间）			平 均 值
		第一次	第二次	第三次	
	九洞				
	曲线				
	楔形				

『思考题』

（1）优势手与非优势手对动作稳定性是否有显著影响？

（2）比赛情境或是正常情境下的情绪对动作稳定性的影响是否显著？

6.3.3　错觉实验

『实验目的』

认识视错觉现象。

『实验仪器』

BD-Ⅱ-113 型错觉实验仪。

『实验原理』

错觉是在特定条件下，对客观事物所产生的带有某种倾向的歪曲知觉，而且是必然产生的。错觉在人的心理活动中不可避免，当产生错觉的条件存在时，每个人都会出现错觉，只是错觉量的大小存在个体差异。所以它并不是心理的一种缺陷。

错觉的种类很多，但最常见、应用最广的是几何图形视错觉。实验应用了缪勒-莱伊尔视错觉现象，两条等长的线段，一条两端画着箭头，另一条两端画着箭尾，看起来前者会比后者短。这是由于人的知觉整体性引起的错觉。

『实验内容』

证实缪勒-莱伊尔视错觉现象的存在和研究错觉量大小。

『实验步骤』

（1）仪器有三种不同箭羽线夹角的线段，实验时选择一种做实验，其余的两种用挡板挡住。

（2）仪器直立于桌面，被试者位于1m以外，平视仪器的测试面。主试者移动仪器上方的拨杆，即调整线段中间箭羽线的活动板，使被试者感觉到中间箭羽线左右两端的线段长度相等为止。可以验证箭头线与箭尾线的长度错觉现象，并读出错觉量值。

（3）选择另一种箭羽线夹角的线段，重新测试其错觉量值，并比较不同条件即不同箭羽线夹角对错觉量的影响。

『实验记录』

将实验数据记入表6-23。

表6-23　长度错觉偏移量

箭羽为30°的偏差值/mm		箭羽为45°的偏差值/mm		箭羽为60°的偏差值/mm	
左偏		左偏		左偏	
右偏		右偏		右偏	

6.3.4　时间知觉测定实验

『实验目的』

（1）分析、比较不同的人在多种感觉方面的差异。

（2）掌握人的多种感觉特点，并思考其在设计中的应用。

『实验仪器』

BD-Ⅱ-110时间知觉测试仪。

『实验原理』

人们对时间长短的估计，经常受到生理、心理等因素的影响。本仪器用于心理教学实验，检测各种因素对时间知觉的影响，掌握用复制法研究时间知觉。复制法要求被试者复制出在感觉上认为与标准刺激相等的时间，以复制结果与标准刺激的差别作为时间知觉准确性的指标，并区分是高估还是低估了标准时间。复制法测量的结果不受过去经验的影响，能确切地表示一个人辨别时间长短的能力，可作为职业测评的一个指标。

仪器还可以根据主试者的要求产生声、光刺激节拍，即以两次光（或声）之间的时间间隔作为刺激变量。它可用调整法测量对声、光节拍的估计误差；也可用恒定刺激法测量被试者对声、光节奏反应的差别阈限；还可以控制被试按一定节奏进行时间知觉的训练，同时能作为简单的节拍器，发出不同节拍的声光信号。

『**实验内容**』

实验要求对声、光刺激节拍（即以两次光声之间的时间间隔）作为刺激变量，用调整法测量对声、光节拍的估计误差；也可用恒定刺激法测量对声、光节奏反应的差别阈限，控制被试者按一定节奏进行时间知觉的训练。实验中声音和光的节拍频率相同，范围为 40~255 次/min；声和光持续时间均为 180ms，声音大小可调；声、光节拍可单独呈现，也可同时呈现。输出脉冲频率范围为 1~255 次/min，输出负脉冲，脉冲宽为 180ms。实验要求被试者复制出在感觉上与标准刺激相等的时间来。复制结果与标准刺激的差别作为时间知觉准确性的指标，区别被试者高估还是低估了标准时间。

主试面板各键的使用功能介绍如图 6-23 所示。

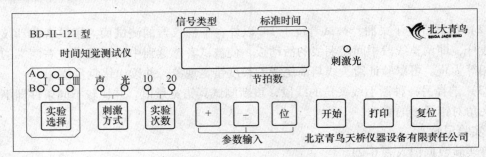

图 6-23 主试面板功能介绍

补给选择框：［选择键］重复按"选择"键，选择实验种类，分别对实验 I 、实验 II 测试。

刺激方式框：［方式键］重复按"方式"键，选择声、光或声+光 3 种实验刺激方式测试。

输入参数框：［置数键］改变参数显示的闪动位置从左起顺序为（百、十、个）位。

［"+"键］每按此键，闪动的参数位加 1。

［"−"键］每按此键，闪动的参数位减 1。

［"∗"键］每按此键，确定所置参数值。

复位键：开机或换新测试内容时用。一组实验未完，不得按此键。

显示键：实验结束，按此键查看测试结果。

打印键：当测试全部完成，按此键打印测试结果。

启动键：按"启动"键实验开始。

音量控制旋钮：实验前由主试调整合适音量。

光指示灯：供主试观看光刺激节拍。

实验 I ：采用调整法测量对声、光节奏的估计误差，平均误差 AE 计算公式如下：

$$AE = (\sum |x - S_i|) / n \qquad (6-3)$$

式中 x——每次测试所得数据（被试所复制的节拍频率）；

S_i——标准刺激节拍数；

n——测试总次数。

实验 II ：用恒定刺激法测定声、光节奏的差别阈限。此方法需要设定一个标准刺激节拍和几个变异刺激节拍，7个变异刺激节拍，其中一个变异刺激节拍和标准刺激节拍相同。

实验过程中按随机的顺序呈现标准刺激节拍（初始刺激节拍）和变异刺激节拍。被试者对两种节拍进行比较判断，主试者可将测得的数据列表作曲线并求出差别阈限。为了消除产生的时间误差，仪器控制相继呈现的标准刺激节拍（初始刺激节拍）和变异刺激节拍的时间间隔为1s，同时每组刺激比较10次，标准刺激呈现5次在前，5次在后。

『实验步骤』

实验 I

（1）准备。接通电源开头，按"复位"键。主试按选择键，使实验1灯亮，按照实验数据表要求按亮相应的刺激方式的灯。实验数据输入方式用输入参数框中的4个键（置数、+、-、*）完成。首先输入实验组的次数10，再输入第1组的标准节拍数和比较节拍数；从第1组到第10组全部输入。

（2）测试。

1）被试者听声音（或注视光源）刺激。主试者按"启动"键，响蜂鸣2s后，第一组标准节拍刺激呈现3次，隔1s自动连续呈现比较刺激节拍。

2）被试者对比较节拍与标准节拍进行比较后做出判断。若比较节拍比标准节拍快（短），可连续按动小键盘的"-"键、反之按"+"键；直到被试感到比较节拍与标准节拍相同时按"回车"键，节拍刺激停止。此时参数窗口中显示的数字为被试者测试的第1组绝对误差，将其数值填于第1组判断误差表格（表6-24）中。

3）第1组实验做完3s后，自动呈现第2组实验的标准节拍3次，1s后连续呈现比较节拍，被试者按方法做出判断。依次类推直到10组实验全部完成，响长蜂鸣实验结束。

4）实验结束后序号、参数窗口自动按顺序呈现本次实验结果。当序号为11时参数窗口显示的数控为结果平均误差，序号为12时为偏低次数，序号为13时为偏高次数。再次显示实验结果需要按"显示"键，将测试结果填入表中。

5）换被试只需要主试按"启动"键，实验又重新开始。当更换实验数据时主试才能按"复位"键。

实验 II

（1）准备。按"选择"键使实验2灯亮，按照实验数据表要求按亮相应的刺激方式键的灯。实验数据输入方式用输入参数框中的4个键（置数、+、-、*）完成。首先输入标准节拍60，再按顺序依次输入变异节拍数。

（2）测试。

1）被试听声音（或注视光源）刺激，主试按"启动"键，响蜂鸣2s后，第一组标准节拍呈现3次，隔1s自动连续呈现变异节拍。

2）被试对变异节拍与初始节拍进行比较后做出判断。若变异节拍比初始节拍快（短）按小键盘的"+"键，参数窗口显示999；反之按"-"键，参数窗口显示111。若变异节拍与初始节拍相同时按"回车"键，参数窗口显示000，当被试判断错误时，参数窗口显示灯灭。

3）主试从第1组测试开始跟踪记录初始节拍、变异节拍、参数显示。第一级实验做完3s后，自动呈现3次第2组实验的初始节拍，1s后连续呈现变异节拍，被试按方法做出判断。

4）主试按照实验表格的要求更换刺激方式，揭示被试注意刺激方式的改变。依次类推直到组实验全部完成，响长蜂鸣实验结束。

5）换被试按"复位"键重新置数。

『实验记录』

实验数据的记录和整理可依据表 6-24 ~ 表 6-27。

表 6-24　声光同时作用误差记录

组数	每次标准节拍数/min	每次比较节拍数/min	声、光刺激同时呈现
			判断误差
1	100	115	
2	120	130	
3	130	135	
4	210	200	
5	220	215	
6	250	243	
7	180	188	
8	195	206	
9	230	222	
10	210	203	

声、光：结果平均误差 AE（11）=　　　　　偏低次数 LT（12）=　　　　　偏高次数 HT（13）=

表 6-25　声光单独作用误差记录表

组数	每次标准节拍数/min	每次比较节拍数/min	声刺激	光刺激
			判断误差	判断误差
1	40	50		
2	60	65		
3	82	75		
4	55	45		
5	90	95		
6	105	111		
7	30	39		
8	42	50		
9	77	67		
10	90	92		

声：结果平均误差 AE（11）=　　　　　　偏低次数 LT（12）=　　　　　偏低次数 LT（12）=

光：结果平均误差 AE（11）=　　　　　　偏高次数 HT（13）=　　　　　偏高次数 HT（13）=

表 6-26 光刺激数据记录表

每次标准节拍数/min								
				60				
每次变异节拍数/min		45	55	60	65	75	80	90
组数	每次初始节拍数/min	每次变异节拍数/min				参数显示		
1								
2								
3								
4								
5								
6								
7								
8								
9								
10								
11								
12								
13								
14								
15								
16								
17								
18								
19								
20								
21								
22								
23								
24								
25								

准确率=正确次数/25=

表 6-27 声刺激数据记录表

组数	每次初始节拍数/min	每次变异节拍数/min	参数显示
26			
27			
28			
29			
30			

续表 6-27

组数	每次初始节拍数/min	每次变异节拍数/min	参数显示
31			
32			
33			
34			
35			
36			
37			
38			
39			
40			
41			
42			
43			
44			
45			
46			
47			
48			
49			
50			

准确率＝正确次数/25＝

『实验注意事项』

（1）按照实验大纲的要求操作，爱护实验仪器，要轻拿轻放，防止磕碰及损坏。

（2）实验结束后，要将所有仪器设备放置整齐以备后用。

6.3.5　空间知觉测定实验

『实验目的』

空间知觉能力是后天经过学习获得的，是人脑对物体空间特性的反映，比如物体大小、形状、距离、方位等空间关系的认识。空间知觉主要包括大小知觉、形状知觉、方位知觉、浓度知觉等，人对空间的感知是由多种感觉器官协调活动的结果。

（1）了解实验研究刺激的空间结构特征；

（2）掌握测定辨别复杂图形的反应时间的方法。

『实验仪器』

BD-Ⅱ-112 空间知觉测试仪。

『实验内容』

本实验将红色文武灯光组成的 3 类图案示为刺激源。每类图案有两种显示方式，每种有 4 个图形,组成 24 个图形,如图 6-24 所示。通过刺激源按指定类别图形的随机呈现,被试从位置的识别到集团的记忆过程中及时、准确做出正确判断。实验记录反应时间及出错次数。反应时间为 0.001 ~ 9.999 s,错误次数最大 255 次,累计实验次数最大 255 次。

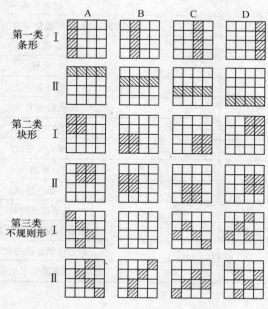

图 6-24 测试图案

『实验步骤』

1. 准备。

将打印机与主机、键盘连接好并接通电源,主试按"图案"键选择实验类型及实验图形。被试手握小键盘注视显示窗口准备实验。特别注意测试时键盘①、②、③、④与图形 A、B、C、D 在每次实验中是随机对应关系。

2. 测试。

(1) 主试者按"开始"键,显示窗口上的灯亮黄色为实验前的揭示,之后将随机呈现测试图形。被试者看到图形后立即按动反应键①~④中的一个,若窗口上灯亮红色计出错次数,此时被试者应马上按其他键,直到反应正确窗口上灯亮绿色为止,计时停止。被试记住与键盘号相对应的图形位置。

(2) 显示窗口上的灯再次亮黄色,之后随机呈现下一个测试图形,被试再次判断,如此循环。累计实验次数 255 次。

(3) 按"打印/结束"键实验结束,此时数码显示最后出错次数及平均反应时间。换被试按"复位"键。

3. 实验数据打印结果。

打印格式与注解示例见表 6-28。

表 6-28　打印格式与注解示例

Space Perception	空　间　知　觉
Picture Mode	图案方式
Rectangle- I	条形- I （Square 方形；Irregular 不规则形）
Key Mode	键盘方式
3- A 4- B 2- C 1- D	图案（1）与键盘数字键的对应关系
Correct	正确反应
$n=23$	次数
$AVT=0.264s$	平均反应时
Error	出现错误的反应
$n=7$	次数
$AVT=1.562s$	平均反应时
Sum	累加
$n=30$	总次数
$AVT=0.566s$	总平均反应时
End Err. n：21	最后出现错误的次数
$n=9$	最后连续正确的次数
$AVT=0.189s$	最后连续正确的平均反应时

『实验记录』

将测定数据记入表 6-29。

表 6-29　空间知觉测定数据记录表

图　案　方　式	条　形		块　形		不规则形	
实验次数 30 次	1	2	1	2	1	2
键盘方式						
正确反应次数						
正确平均反应时间/s						
出错的反应次数						
出错的平均反应时间/s						
累加总反应次数						
总平均反应时间/s						
最后出现错误的次数						
最后连续正确的次数						
最后连续正确的平均反应时间/s						

『实验注意事项』

（1）一定要按照实验大纲的要求操作，爱护实验仪器，要轻拿轻放，防止磕碰及损坏。

（2）实验结束后，要将所有仪器设备放置整齐以备后用。

6.3.6 动作判断测试实验

『实验目的』

测定手指、手、手腕灵活性以及手眼协调能力。

『实验仪器』

采用 BD-Ⅱ-507 型动作判断仪。该仪器的主要技术参数如下：

（1）转动圆盘。圆盘上有 10 个矩形目标、10 个圆目标及 1 个周边目标。随圆盘以恒定速度转动。

（2）操作手轮。操作手轮可以驱动左、右两个检测头沿转动圆盘水平中线往复移动以避开目标。检测头位于圆盘上方滑杆上，松开检测头端部螺丝，可使检测头沿滑杆左右移动，以调节检测头的起始位置。

（3）控制面板。触摸开关面板，8 位数字显示，依次显示主试已输入的试验时间、试验次数、正在运行的次数及被试操纵左、右检测头接触目标的总次数即失败次数；面板右下方设有"定时"、"次数"、"设置"、"测试"、"打印"、"复位"键。

『实验内容』

测试驾驶员在驾驶期间分配和维持视觉注意力。

『实验步骤』

（1）将仪器外接电源接通，调整好检测头位置，使转动手轮时其左、右各限位于转盘边缘，并且不出转盘（注意此步骤不必每次进行）。

（2）按下左侧电源开关，圆盘转动。通知被试手握手轮，两眼注视圆盘。

（3）进入练习状态。被试练习手轮，控制检测头左、右往复移动以避开目标，如操作错误，则实时显示其失败次数，并且仪器上面板两发光二极管分别闪亮。当被试者熟悉后，可令被试者准备正式测试。练习状态下，运行次数显示"00"。

（4）练习状态下，主试者可根据实验需要，设定的实验条件。按"定时"键 1 次，定时时间加 1min，超过 9min，回到 1min 定时；按"次数"键 1 次，实验次数加 1 次，超过 19 次，回到实验 1 次；按"设置"键，键上灯亮或灭变化，灯亮表示"设置"键按下状态。须在每次实验中使被试者有 8s 休息时间，否则每次测试之间无休息时间。仪器显示设定的试验时间及次数。

（5）主试者按下"测试"键，键上灯亮，随着一短声，表示实验开始。运行次数显示"01"。

被试者操纵手轮转动，使左、右检测头避开目标，实时显示失败次数。

（6）到设定时间后，如"设置"键按下状态，则一长声告诉被试可稍休息一会，8s后，一短声后下次测试开始；否则为连续状态。休息时"测试"键上灯灭，每次开始时显示运行次数，并且失败次数从零开始。

（7）到设定次数后，随着一长声，测试结束。显示本次测试总失败次数。

（8）如需重新开始实验，则按下"复位"键，回到第（4）步。

『实验记录』

将测试数据记入表 6-30。

表 6-30　动作判断记录表

实验人员	测试时间/min	测试次数/次	测试总时间/min	失败次数/次	失误概率/次·min^{-1}

『实验注意事项』

（1）检测头采用反射光电开关技术，与圆盘不直接接触，必须保持 3mm 左右距离。

（2）实验不能在强太阳光下进行。

（3）注意保护圆盘表面，如不小心黑面有破坏，可用黑色软笔轻涂覆盖。

（4）调整检测头后必须锁紧螺丝。

（5）仪器不能放置在强磁场、强电场附近。

（6）仪器不能用紫外线光源照射。

（7）电源开关不宜过于频繁，以免发生损坏。

『思考题』

（1）计算失误概率，并和同组同学比较测试的结果。

（2）结合生活实际，设想几种练习手腕灵活性以及手眼协调能力的方法。

第7章　职业健康与防护实验

【本章学习要点】

　　职业健康的核心是对风险因素的辨识、评价和控制，个体防护是风险管理的控制方式之一，是最基础也是必不可少的组成部分。本章主要介绍噪声测量实验、振动测定实验、环境电磁强度和放射性测定实验等内容。

7.1　噪声测量实验

『实验目的』

　　噪声随着声源同时存在，同时消失。在现代社会中，噪声的来源基本上有四种：交通噪声、工厂噪声、建筑施工噪声以及社会生活噪声。噪声渗透到人们工作生活的各个领域，不仅损伤人们的听力，干扰人们的工作和休息，影响睡眠，诱发疾病，而且强噪声还能影响设备正常运转和损坏建筑结构等。对噪声进行测量和评价，对改善人们生活工作环境具有重要的意义。本实验的目的为：

　　（1）掌握不同环境下以及工厂交通机器设备噪声的测量方法。

　　（2）了解噪声测量仪器的工作原理以及使用方法。

　　（3）掌握噪声的评价指标与评价方法。

『实验原理』

1. 计权声级

　　A 计权声级是模拟人耳对 55dB 以下低强度噪声的频率特性；B 计权声级模拟 55～85dB 的中等强度噪声的频率特性；C 计权声级是模拟高强度噪声的频率特性；D 计权声级是对噪声参量的模拟，专用于飞机噪声的测量。计权网络是一种特殊滤波器，当含有各种频率的声波通过时，它对不同频率成分的衰减是不一样的。A、B、C 计权网络的主要差别在于对低频成分的衰减程度，A 衰减最多，B 其次，C 最少。实践证明，A 计权声级表征人耳主观听觉较好，所以目前 B 和 C 计权声级已较少使用。A 计权声级以 L_A 表示，单位是分贝 dB（A）。A 计权声级可用于评价工业企业噪声的排放。

2. 等效连续声级、累积百分声级

　　A 计权声级能够较好地反映人耳对噪声的强度与频率的主观感觉，因此对一个连续的稳态噪声，它是一种较好的评价方法，但对一个起伏的或不续的噪声 A 计权声级就显得不合适了。因此提出了一个用噪声能量按时间平均方法来评价噪声对人影响的问题，即等效连续声级符号"L_{eq}"。它是用一个相同时间 T 内与不稳定噪声能量相等的连续稳定的 A 声级来表示该段时间内的噪声大小，如下式所示：

$$L_{eq} = 10\lg\left(\frac{1}{t_2 - t_1}\int_{t_1}^{t_2}\frac{P^2}{P_r^2}dt\right) = 10\lg\left(\frac{1}{t_2 - t_1}\int_{t_1}^{t_2}10^{L_A/10}dt\right) \tag{7-1}$$

式中，L_A 为在 t 时刻测量到的 A 计权声级；P_r 为参考声压，$20\mu Pa$。

3. 噪声的频谱分析

声源所发出的声音一般都不是单一频率的纯音，而是由许多不同频率不同强度的纯音组合而成。将噪声的强度、声压级，按频率顺序展开，使噪声的强度成为频率的函数。并考查其波形，称作噪声的频谱分析。对于机器设备所产生的噪声，通常 A 声级不足以全面反应机器设备的噪声特征，一般用频谱分析来得到噪声源在不同频带内的辐射特性。频谱分析的方法是使噪声信号通过一定带宽的滤波器，通带越窄，频率展开越详细。以频率为横坐标、相应的强度为纵坐标作图，即得噪声频谱图。在设备噪声测量中，最常用的是等比带宽滤波器，有 1/3 倍程和 1/1 倍程。

4. 噪声测量仪器

噪声测量仪器测量噪声的强度，主要测量的是声场中的声压，其次是测量噪声的特征，即声压的各种频率组成成分。噪声测量仪器主要有声级计、声频频谱仪、记录仪、录音机和环境噪声自动监测仪等。

『实验仪器』

精度为 2 型以上带 1/3 倍频程和 1/1 倍频程滤波器的积分式 HY-104 型声级计、环境噪声自动监测仪器以及噪声频谱分析仪等。

『实验步骤』

1. 环境区域噪声测定

选取学校作为环境噪声测量区域。

（1）将校园划分成等距离网格，网格数目一般多于 100 个。根据网格划分画出测量网格以及测点分布图。

（2）测量点定在网格中心。如遇反射物，至少在 3.5m 以外测量，测点离地面高度大于 1.2m 以上。测量在无风雨雪的天气条件下进行。

（3）测量时采用声级校准器对声级计进行校准。

（4）根据实际情况选取某一时段进行测量。在规定的测量时间内，每次每个测点测量 10min 的等效连续 A 声级，同时记录噪声源。

（5）测量后，再次对声级计进行校准。

2. 工业企业噪声测定

选定一家工业企业作为测量点。

（1）调查选定工业企业周围的敏感点，画出测量区域厂界以及测定布置图。

（2）测点选在该工业企业法定边界外 1m，高度 1.2m 以上且距任一反射面不小于 1m 的位置。

（3）如测点周围有噪声源，应在工厂停产时对环境背景噪声进行测量。

（4）测量时，采用声级校准器对声级计进行校准。

（5）记录每个测点等效声级。

（6）测量后，再次对声级计进行校准。

3. 道路噪声测量

选定某一交通路段作为测量路段。

（1）测点选在路段之间离车行道路沿 20cm 处人行道上。该测量路段布置 5 个测点，两端的测点距路口应不少于 50m，画出测点布置图。

（2）测量时，采用声级校准器对声级计进行校准。

（3）在规定的测量时间段内，在各测点每隔 5s 测量等效连续 A 声级瞬时值。

（4）测量后，再次对声级计进行校准。

4. 设备辐射噪声频谱测定

选择某机器设备进行测量。

（1）选定测量位置数量。测量位置和数量要根据机器外形尺寸来取定：

1）外形尺寸小于 30cm 的小型机器，测点距机器表面 30cm。

2）外形尺寸为 30~100cm 的中型机器测点距其表面 50cm。

3）外形尺寸大于 100cm 的大型机器，测点距其表面 100cm。对于特大型设备，可根据具体情况选择距其表面较远处测量。

4）测定数量可视机器的大小而定，一般要在机器周围均匀布点。

（2）测点高度一般定在机器高度的一半。

（3）尽量避免周围其他噪声源的影响。

（4）采用精度为 2 型以上带 1/3 倍频程和 1/1 倍频程滤波器的积分式声级计或者噪声频谱分析仪进行测量。

（5）测量后，对测量设备进行校准，记录校准值。

『实验记录』

环境区域噪声测定实验结束后，应提交如下结果：

（1）测量网格及测点分布图。

（2）环境区域噪声测量记录见表 7-1 和表 7-2。

表 7-1 基本参数记录表

测量地点	测量时间	温度	湿度	风速	测量仪器型号	测量仪器校准		测量人	备注
						测量前	测量后		

表 7-2 测量数据记录表

测点编号	L_{Aeq}	噪声源	测点编号	L_{Aeq}	噪声源

『实验注意事项』

（1）室外噪声测定应在无雨无雪天气条件下进行，风速不超过 5.5m/s。

（2）环境及交通噪声测量要分为白天和夜间测量两部分，具体划分时间依当地规定或习惯以及季节变化而定。

（3）实验中一定要注意噪声源和背景噪声的测量。

『思考题』

（1）在噪声测量中为什么常采用等效连续 A 声级来评价环境区域噪声？

（2）声级计的基本功能是什么，为什么测定不同环境噪声要用不同的噪声评价标准？

7.2　振动测定实验

『实验目的』

振动是物体围绕平衡位置所做的往复运动，它是噪声产生的根源。振动不仅会造成噪声危害，同时也可使机械设备和建筑结构受到破坏，人的机能受到损伤。

本实验的目的为：

（1）掌握设备振动的测量方法。

（2）熟悉振动测量仪器的工作原理以及使用方法。

（3）了解环境振动标准。

『实验原理』

振动是噪声传播的方式之一。噪声以空气为介质传播称为空气声；声源激发固体构件产生振动以弹性波的形式在基础、地板、墙壁中传播，称为固体声。因此，振动测量与噪声测量有关部分仪器可以通用，只要将噪声测量仪器中的声音传感器换成振动传感器，将声音计权网络换成振动计权网络，就可进行振动的测量。振动以振动加速度表示，单位为 m/s^2。人可感振动加速度为 $0.5m/s^2$，不能容忍的振动加速度为 $5m/s^2$。人对 100Hz 以下的振动才较敏感，可感最高振动频率为 1000Hz。当与人体共振频率数值相等或相近时，是人最敏感的振动频率。人在直立时的共振频率是 $4\sim10Hz$，俯卧时 $3\sim5Hz$。

环境振动测量应先确定测量位置，一般测点置于各类区域建筑物室外 0.5m 以内振动敏感处，必要时置于建筑物室内地面中央。减振器要平稳安放在平坦、坚实的地面上，避免松软地面。设备物体振动可以直接用带探头的振动测定仪。本实验主要进行设备物体的振动测量。

振动加速度级（VAL）：加速度与基准加速度之比以 10 为底的对数乘以 20，记为 VAL，单位为分贝（dB）。

$$VAL = 20\lg\frac{\alpha}{\alpha_0} \tag{7-2}$$

式中　α——振动加速度级有效值，m/s^2，

　　α_0——基准加速度级有效值，$\alpha_0 = 10^{-6}\ m/s^2$。

『实验仪器』

VIB-5 型振动测定仪。

『实验步骤』

（1）打开电池盖安装电池，并检测电池电压。

（2）安装传感器和磁铁座，首先将磁铁座与传感器拧紧，再将传感器电缆一头的插头

插入主机的传感器插座，完成传感器与主机的连接。

（3）按设置键可选择测量模式：加速度、速度或者位移。

（4）进行加速度测量时，可用频段选择频率范围用于高频振动测量或者一般振动测量。

（5）按测量键保持 10s 左右，可以开始测量。

（6）将传感器探头安放在测量对象上，按测量键读数并记录。

『实验记录』

测量记录的是加速度，根据上式计算出振动加速度级，填写实验数据于表 7-3 中。

表 7-3 振动测定实验记录表

测量对象	加速度	振动加速度级	备注

『实验注意事项』

（1）传感器探头应与被测物体可靠连接，否则测量值不准确。

（2）测量加速度时注意选择合适的频率范围。

『思考题』

（1）振动造成的危害有哪些，振动的来源有哪些？

（2）振动与噪声有何关系？

7.3 环境电磁强度测定实验

『实验目的』

长期、过量的电磁辐射会对人体生殖系统、神经系统和免疫系统造成直接伤害，是心血管疾病、糖尿病、癌突变的主要诱因，是造成孕妇流产、不育、畸胎等病变的诱发因素；并可直接影响未成年人的身体组织与骨髓的发育，引起视力、记忆力下降和肝脏造血功能下降，严重者可导致视网膜脱落。此外，电磁辐射也对信息安全造成隐患，利用专门的信号接收设备即可将其接收破译，导致信息泄密而造成不必要的损失。过量的电磁辐射还会干扰周围其他电子设备，影响其正常运作而发生电磁兼容性（EMC）问题。因此，电磁辐射已被世界卫生组织列为继水源、大气、噪声之后的第四大环境污染源，成为危害人类健康的隐形"杀手"，防护电磁辐射已成当务之急。本实验的目的是：

（1）了解电磁辐射基本原理。

（2）熟悉环境电磁辐射标准。

（3）掌握电器设备及环境电磁辐射测定方法。

『实验原理』

电磁辐射是由电荷移动所产生的电能量和磁能量所组成。如射频天线发射信号所发出的移动电荷便会产生电磁能量。这种能量以电磁波的形式通过空间传播的现象成为电磁辐射。电磁"频谱"包括形形色色的电磁辐射，从极低频的电磁辐射至极高频的电磁辐射，中间还有无线电波、微波、红外线、可见光和紫外光等。在电磁频谱中，比紫外线波长更短的 X 射线、宇宙射线是电离辐射波；紫外线以及波长更长的电磁波，包括可见光波、红外线、雷达波、无线电波及交流电波等，是非电离辐射波。

非电离辐射根据其辐射频率又可分为微波辐射（300~300000MHz）、射频辐射（0.1~300MHz）和工频辐射（50Hz 或 60Hz）三类。而我们常见的各种家用电器、电子设备等装置产生的都是非电离辐射。只要他们处于通电操作使用状态，其周围就会存在电磁辐射。电磁辐射会对人类的健康构成威胁，同时也会干扰电子设备等的正常运行。通常所说的电磁辐射，一般都是指的非电离辐射。

电磁辐射的能量大小，称为辐射强度。通常，大于 300MHz 的电磁辐射，一般采用平均功率密度瓦（毫瓦）/每平方厘米（mW/cm^2）作为计量单位。小于 300MHz 的电磁辐射，可以采用电场强度伏/米（V/m）和磁场强度安/米（A/m）作为计量单位。实际测量中，也可以用磁感应强度高斯（Gs）或者特斯拉（T）来表示 1T＝10000Gs。电磁辐射能量通常以辐射源为中心、以传播距离为半径的球面形分布，所以辐射强度与距离平方值成反比。

目前国家正组织制定《电磁辐射暴露限值和测量方法》国家标准。在国家标准《电磁辐射暴露限值和测量方法》草案中，规定了频率范围为 0~300GHz 的电磁辐射的人体暴露限值和测量方法。根据不同人群的活动特征和不同频率的电磁波生物效应，该标准对电磁辐射作业人员和公众暴露限值规定了不同的要求。对公众比较关心的移动电话的电磁辐射限值，在局部暴露要求中也作了规定。

『实验仪器』

电磁辐射测试仪。

『实验步骤』

（1）测量手机：打开仪器开关，将手机辐射源放置在天线旁，靠近测试区 1~2cm（根据手机的不同而调整不同的距离），显示屏上将显示出手机辐射值，记录下来。

（2）测试电脑，打开仪器开关，将仪器先靠近电脑显示器或电脑主机，然后在不同距离进行测量，记录显示值。

（3）测量高压线、变电站、变压器\低压输电线等环境电磁辐射，记录不同水平距离下的测定值。

『实验记录』

将实验数据记入表 7-4。

表 7-4　环境电磁强度实验数据记录表

手机	测量距离（单位：cm）	
	测量值（单位：Gs）	
电脑	测量距离（单位：cm）	
	测量值（单位：Gs）	
高压线	测量距离（单位：cm）	
	测量值（单位：Gs）	
变压器	测量距离（单位：cm）	
	测量值（单位：Gs）	

『实验注意事项』

（1）测定单个设备的电磁辐射值时，应避免其他电器设备对测定值的干扰。

（2）如果有多台设备，可以测定多台设备的环境电磁辐射强度，并注明电磁辐射源的名称和距离。

『思考题』

（1）电磁辐射产生的条件是什么，环境中电磁辐射的来源有哪些？

（2）电磁辐射的危害有哪些，如何避免电磁辐射？

7.4 环境放射性测定实验

『实验目的』

某些物质的原子核能发生衰变，放出我们肉眼看不见也感觉不到的射线，即物质是有放射性的。放射性对人体和动物存在着某种损害作用。如在 400rad 的照射下，受照射的人有 5% 死亡；若照射 650rad，则人 100% 死亡。照射剂量在 150rad 以下，死亡率为零，但并非无损害作用，往往需经 20 年以后，一些症状才会表现出来。另外，放射性也能损伤遗传物质，引起基因突变和染色体畸变，影响下一代甚至下几代受害。因此，对工作生活环境中的放射性进行检测，是保证人们身体健康的重要措施。本实验的目的就是：

（1）了解放射性基本原理及种类。

（2）掌握环境中放射性测定的基本方法。

『实验原理』

有些物质的原子核是不稳定的，能自发地改变核结构转变成别种元素的原子核，这种现象称为核衰变。在核衰变过程中，总是放射出具有一定动能的带电或不带电的粒子，即 α、β 和 γ 射线，称为放射性。能发生放射性衰变的核素，称为放射性核素（或称放射性同位素）。

在目前已发现的 100 多种元素中，约有 2600 多种核素。其中稳定性核素仅有 280 多种，属于 81 种元素。放射性核素有 2300 多种，又可分为天然放射性核素和人工放射性核素两大类。天然放射性核素来源于宇宙射线、天然系列放射性核素以及自然界中单独存在的核素等。天然放射性核素品种很多，性质与状态也各不相同，它们在环境中的分布十分广泛，在岩石、土壤、空气、水、动植物、建筑材料、食品甚至人体内都有天然放射性核素的踪迹。人为放射性核素来源于核试验、核工业、工农业、医学、科研以及一般居民消费品等。

放射性衰变类型：

（1）α 射线：是放射性物质所放出的 α 粒子流。它可由多种放射性物质（如镭）发射出来。α 粒子的动能可达几兆电子伏特。从 α 粒子在电场和磁场中偏转的方向，可知它们带有正电荷。由于 α 粒子的质量比电子大得多，通过物质时极易使其中的原子电离而损失能量，所以它能穿透物质的本领比 β 射线弱得多，容易被薄层物质所阻挡，甚至一张纸就能把它挡住。

（2）β 射线：它是由放射性原子核所发出的电子流。电子的动能可达几兆电子伏特以上。由于电子质量小，速度大，通过物质时不易使其中原子电离，所以它的能量损失较慢，穿透物质的本领比 α 粒子强。它实质上是高速运动的电子流。在接触 β 射线时，为保护眼睛，应该用普通的玻璃眼镜，不能用铅玻璃或较重物质的眼镜。因为较重的物质与 β 射线作用，在镜片上产生非常强的韧致辐射，虽然 β 粒子被防护了，但其次级的射线，将会伤害眼睛。

（3）γ 射线：γ 射线与 X 射线、光、无线电波一样，为一种电磁辐射，是原子核内所发出的电磁波。原子核从能量较高的状态过渡到能量较低的状态时所放出的能量常以 γ 射线形式出现。带电粒子的韧致辐射，基本粒子转化过程中发生的湮没，以及原子核的衰变过程，都产生 γ 射线。它的穿透本领极强。对 γ 射线主要是防护外照射。一般采用较重的物质，如铅等来防护。一般 $Co_{60}γ$ 辐射源，都放置在铅罐中。

对放射性物质检测的具体内容：

（1）放射源的强度、半衰期、射线种类以及能量等；

（2）环境以及人体中放射性物质含量、放射性强度、照射量或者电离辐射量等。

『实验仪器』

经过校准的多功能射线仪（测量射线种类 α、β、γ 和 X 射线）。

『实验步骤』

（1）选择要测定的对象：如室内空气、石材、水体等。

（2）打开仪器电源。

（3）通过辐射类型选择开关，选择测量仪 α、β、γ 射线的辐射值。

（4）调整测量范围。

（5）设定采样时间和采样间隔。

（6）记录屏幕显示当前的辐射值和所设定时间的平均辐射值。

『实验记录』

将试验数据记入表 7-5。

表 7-5　试验数据记录表

测量对象	射线	α	β	γ
室内	测量值（单位：mSv）			
水体	测量值（单位：mSv）			
土壤	测量值（单位：mSv）			
石材	测量值（单位：mSv）			

『注意事项』

（1）须注明是就地测量还是采样测量。

（2）测量频率可根据放射性核素的半衰期、环境介质的稳定性、污染源的特性等来确定。

『思考题』

（1）放射性衰变的形式有几种，各有什么特点？

（2）放射性污染对人体产生怎样的危害，放射性污染的来源有哪些？

7.5 室内空气中挥发性有机物（VOCs）测定

『实验目的』

人们每天平均大约有80%以上的时间在室内度过。随着现代科学技术的发展，人类生产和生活活动都可在室内进行。而现代建筑由于节能的目的，建造得更加密闭，且进入室内的化工产品和电器设备的种类和数量繁多，因此造成室内空气中污染成分日渐增多，而通风换气能力却反而减弱。这使得室内有些污染物的浓度较室外高达数十倍以上。而室内空气不流通，空气中污染成分增加且氧气含量低，容易导致人们肌体和大脑新陈代谢能力降低，因此，室内空气质量好坏对人体健康的关系就显得更加密切更加重要。本实验的目的为：

（1）了解室内空气污染来源。

（2）掌握室内总挥发性有机物测定方法。

『实验原理』

根据1989年WHO的定义，VOCs是一组沸点从50~260℃、室温下饱和蒸气压超过1133.322Pa的易挥发性化合物。其主要成分为烃类、氧烃类、含卤烃类、氮烃及硫烃类、低沸点的多环芳烃类等。它和甲醛一样，都是室内空气污染主要有机物，具有毒性和刺激性，主要来自于装饰材料、燃料燃烧、日用化品等。

测定VOCs采用气相色谱法，用吸附富集法采样，空气流中的挥发性有机化合物保留在吸附管中，热解吸出被测组分。待测样品随惰性载气进入毛细管气相色谱仪，用保留时间定性，峰高或峰面积定量。

『实验仪器』

（1）实验设备。

1）吸附管：外径6.3mm，内径5mm，长90mm（或180mm），内壁抛光的不锈钢管。

2）注射器：10μL液体注射器；10μL气体注射器；1mL气体注射器。

3）采样泵：恒流空气个体采样泵，流量范围0.02~0.5L/min，流量稳定。

4）气相色谱仪：配备氢火焰离子化检测器、质谱检测器或其他合适的检测器。色谱柱：非极性（极性指数小于10）石英毛细管样。

5）热解吸仪：能对吸附管进行二次热解吸，并将解吸气用惰性气体载带进入气相色谱仪。解吸温度、时间和载气流速是可调的。冷阱可对解吸样品进行浓缩。

6）液体外标法制备标准系列的注射装置：常规气相色谱进样口，可以在线使用也可以独立装配，保留进样口载气连线，进样口下端可与吸附管相连。

（2）实验材料。

1）VOCs标准液：为了校正浓度，需用VOCs作为基准试剂，配成所需浓度的标准溶液或标准气体，然后采用液体外标法或气体外标法将其定量注入吸附管。

2）稀释溶剂：液体外标法所用的稀释溶剂应为色谱纯，在色谱流出曲线中应与待测化合物分离。

3）吸附剂：TenaxGC或TenaxTA。粒径为0.18~0.25mm。

4）高纯氮：氮的质量分数为99.999%。

『实验步骤』

1. 采样和样品保存

将吸附管与采样泵用塑料或硅橡胶管连接。个体采样时，采样管垂直安装在呼吸带；固定位置采样时，选择合适的采样位置。打开采样泵，调节流量，以保证在适当的时间内获得所需的采样体积（1~10L）。如果总样品量超过 1mg，采样体积应相应减少。记录采样开始和结束时的时间、采样流量、温度和大气压力。

采样后，将管取下，密封管的两端，或将其放入可密封的金属或玻璃管中。样品可保存 14d。

2. 分析步骤

（1）样品的解吸和浓缩。将吸附管安装在热解吸仪上加热，使有机蒸气从吸附剂上解吸下来，并被载气流带入冷阱，进行预浓缩。载气流的方向与采样时的方向相反。然后再以低流速快速解吸，经传输线进入毛细管气相色谱仪。传输线的温度应足够高，以防止待测成分凝结。

（2）色谱分析条件。可选择膜厚度为 1~5μm、长度为 50m、内径为 0.22mm 的石英柱，固定相可以是二甲基硅氧烷或 70% 的氰基丙烷、70% 的苯基、86% 的甲基硅氧烷。柱操作条件为程序升温，初始温度 50℃ 保持 10min，然后以 5℃/min 的速率升温至 250℃。

（3）标准曲线的绘制。液体外标法：利用进样装置分别取 1~5μL 含液体组分 100μg/mL 和 10μg/mL 的标准溶液注入吸附管；同时用 100mL/min 的惰性气体通过吸附管，5min 后取下吸附管密封，所得曲线为标准系列。

（4）样品分析。每支样品吸附管按绘制标准曲线的操作步骤（即相同的解吸和浓缩条件及色谱分析条件）进行分析，用保留时间定性，峰面积定量。

『实验结果处理』

结果计算：

（1）将采样体积按下式换算成标准状态下的采样体积：

$$V_0 = V \frac{T_0}{T} \cdot \frac{p}{p_0}$$ (7-3)

式中　V_0——换算成标准状态下的采样体积，L；

　V——采样体积，L；

　T_0——标准状态的绝对温度，273K；

　T——采样时采样点现场的温度（t）与标准状态的绝对温度之和（t+273），K；

　p_0——标准状态下的大气压力，101.3kPa；

　p——采样时采样点的大气压力，kPa。

（2）TVOC 的计算：

1）应对保留时间在正己烷和正十六烷之间所有化合物进行分析。

2）计算 TVOC，包括色谱图中从正己烷到正十六烷之间的所有化合物。

3）根据单一的校正曲线，对尽可能多的 VOCs 定量，至少应对 10 个最高峰进行定量，最后与 TVOC 一起列出这些化合物的名称和浓度。

4）计算已鉴定和定量的挥发性有机化合物的浓度 S_{id}。

5）用甲苯的响应系数计算未鉴定的挥发性有机化合物的浓度 S_{un}。

6）S_{id} 与 S_{un} 之和为 TVOC 浓度或 TVOC 的值。

7）如果检测到的化合物超出了（2）中 TVOC 定义的范围，那么这些信息应该添加到 TVOC 值中。

（3）空气样品中待测组分的浓度按下式计算：

$$c = \left(\frac{F - B}{V_0}\right) \times 1000 \tag{7-4}$$

式中　c——空气样品中待测组分的质量浓度，$\mu g/m^3$；

　　　F——样品管中组分的质量，μg；

　　　B——空白管中组分的质量，μg；

　　　V_0——标准状态下的采样体积，L。

『实验注意事项』

干扰和排除：采样前处理和活化采样管和吸附剂，使干扰减到最小；选择合适的色谱柱和分析条件。本法能将多种挥发性有机物分离，使共存物干扰问题得以解决。

『思考题』

（1）VOCs 代表的是一类什么物质，来源有哪些？

（2）如何防治室内 VOCs 类物质的污染？

参 考 文 献

[1] 金龙哲. 矿山安全工程［M］. 北京：机械工业出版社，2015.

[2] 张英华，黄志安，高玉坤. 燃烧与爆炸学［M］. 2 版. 北京：冶金工业出版社，2015.

[3] 黄志安，张英华. 采矿工程概论［M］. 北京：冶金工业出版社，2014.

[4] 蒋仲安，杜翠凤，等. 工业通风与除尘［M］. 北京：冶金工业出版社，2010.

[5] 蒋仲安. 矿山环境工程. 2 版.［M］. 北京：冶金工业出版社，2009.

[6] 杜翠凤，蒋仲安. 职业卫生工程［M］. 北京：冶金工业出版社，2017.

[7] 金龙哲，汪澍. 安全学原理. 2 版［M］. 北京：冶金工业出版社，2017.

[8] 金龙哲. 矿井粉尘防治理论［M］. 北京：科学出版社，2010.

[9] 金龙哲等著. 井下紧急避险技术［M］. 北京：煤炭工业出版社，2013.

[10] 黄国忠. 产品安全与风险评估［M］. 北京：冶金工业出版社，2010.

[11] 陆强，乔建江. 安全工程专业实验指导教程［M］. 上海：华东理工大学出版社，2014.

[12] 杨丹，梁书琴. 安全工程实验指导书［M］. 2 版. 武汉：中国地质大学出版社，2013.

[13] 江小华. 安全工程专业实验指导书［M］. 江西：江西高校出版社，2010.

[14] 崔克清. 安全工程实验与鉴别技术［M］. 北京：中国计量出版社，2005.

[15] 欧育湘，李建军. 材料阻燃性能测试方法［M］. 北京：化学工业出版社，2006.

[16] 张敬东，余明远. 安全工程实践教学综合实验指导书［M］. 北京：冶金工业出版社，2009.

[17] 张斌. 安全检测与控制技术［M］. 北京：化学工业出版社，2011.

[18] 王保国，王新泉，等. 安全人机工程学［M］. 2 版. 北京：机械工业出版社，2016.

[19] 浑宝炬，郭立稳. 矿井粉尘检测与防治技术［M］. 北京：化学工业出版社，2005.

[20] 杜欢永. 职业病危害因素检测［M］. 北京：煤炭工业出版社，2013.

冶金工业出版社部分图书推荐

书　名	作　者	定价(元)
中国冶金百科全书·安全环保卷	本书编委会　编	120.00
我国金属矿山安全与环境科技发展前瞻研究	古德生　等著	45.00
安全学原理（第2版）（本科教材）	金龙哲　主编	35.00
安全系统工程（本科教材）	谢振华　主编	26.00
安全评价（本科教材）	刘双跃　主编	36.00
燃烧与爆炸学（第2版）（本科教材）	张英华　主编	32.00
物理污染控制工程（本科教材）	杜翠凤　等编	30.00
工业通风与除尘（本科教材）	蒋仲安　等编	30.00
产品安全与风险评估（本科教材）	黄国忠　编著	18.00
防火与防爆工程（本科教材）	解立峰　等编	45.00
矿山安全工程（本科教材）	陈宝智　主编	30.00
矿山环境工程（第2版）（本科教材）	蒋仲安　主编	39.00
土木工程安全生产与事故安全分析（本科教材）	李慧民　等编	30.00
土木工程安全检测与鉴定（本科教材）	李慧民　等编	31.00
网络信息安全技术基础与应用（本科教材）	庞淑英　主编	21.00
安全系统工程（第2版）（高职高专教材）	林　友　等编	32.00
安全生产与环境保护（高职高专教材）	张丽颖　主编	24.00
煤矿安全技术与风险预控管理（高职高专教材）	邱　靖　主编	45.00
矿冶企业生产事故安全预警技术研究	李翠平　等著	35.00
安全管理基本理论与技术	常占利　著	46.00
重大事故应急救援系统及预案导论	吴宗之　编著	38.00
重大危险源辨识与控制	吴宗之　编著	35.00
危险评价方法及其应用	吴宗之　等编	47.00
安全生产行政处罚实录	张利民　等编	46.00
安全生产行政执法	姜　威　著	35.00
安全管理技术	袁昌明　编著	46.00
钢铁企业安全生产管理（第2版）	那宝魁　编著	65.00